Carlos Alberto Amaya Corredor
Carolina Hernández Contreras
Alba J Vargas Buitrago

Gestão Ambiental para a Construção do Desenvolvimento Sustentável

Carlos Alberto Amaya Corredor
Carolina Hernández Contreras
Alba J Vargas Buitrago

Gestão Ambiental para a Construção do Desenvolvimento Sustentável

Compilação de experiências de investigação de professores e alunos na formação em engenharia do ambiente

ScienciaScripts

Imprint

Any brand names and product names mentioned in this book are subject to trademark, brand or patent protection and are trademarks or registered trademarks of their respective holders. The use of brand names, product names, common names, trade names, product descriptions etc. even without a particular marking in this work is in no way to be construed to mean that such names may be regarded as unrestricted in respect of trademark and brand protection legislation and could thus be used by anyone.

Cover image: www.ingimage.com

This book is a translation from the original published under ISBN 978-613-9-40253-3.

Publisher:
Sciencia Scripts
is a trademark of
Dodo Books Indian Ocean Ltd. and OmniScriptum S.R.L publishing group

120 High Road, East Finchley, London, N2 9ED, United Kingdom
Str. Armeneasca 28/1, office 1, Chisinau MD-2012, Republic of Moldova, Europe
Printed at: see last page
ISBN: 978-620-7-63771-3

GESTIÓN AMBIENTAL PARA LA CONSTRUCCIÓN DEL DESARROLLO SOSTENIBLE

Recopilación de experiencias de docentes y estudiantes

AUTORES

Natalia Alexandra Bohorquez Toledo

Química, M.Sc. em química

Professor pesquisador do grupo de pesquisa em engenharia verde GRIIV, vinculado ao programa de Engenharia Ambiental das Unidades Tecnológicas de Santander

nbohorquez@correo.uts.edu.co

Alba Josefa Vargas Buitrago

Engenheiro Químico, Especialista em Engenharia Ambiental, M.Sc. em Ciências e Tecnologias Ambientais

Professor investigador do Grupo de Investigação GIECSA, vinculado ao programa de Engenharia Ambiental das Unidades Tecnológicas de Santander

avargas@correo.uts.edu.co

Carolina Hernández Contreras

Biólogo. Mestrado em Ciências e Tecnologias Ambientais

Professor investigador do Grupo de Investigação GIECSA, vinculado ao programa de Engenharia Ambiental das Unidades Tecnológicas de Santander

chernandez@correo.uts.edu.co

Carlos Alberto Amaya Corredor

Engenheiro Cadastral e Geodesta, Especialista em Planejamento de Educação Ambiental, Mestre em Gestão e Auditoria Ambiental, M.Sc. Desenvolvimento Sustentável e Meio Ambiente

Professor investigador do Grupo de Investigação GIECSA, vinculado ao programa de Engenharia Ambiental das Unidades Tecnológicas de Santander

camaya@correo.uts.edu.co

ÍNDICE

MISSÃO

O Grupo de Pesquisa em Engenharia Verde – GRIIV, é um grupo de pesquisa que tem como objetivo principal gerar conhecimento nas diferentes formas de tratamento de recursos (Ar, Solo e Água) para buscar uma nova metodologia ecoeficiente e sustentável, além de realizar estuda estudos ecotoxicológicos associados aos efeitos adversos causados por poluentes primários e secundários em recursos naturais e estudos relacionados à aplicação de conceitos químicos visando a geração de impactos ecologicamente corretos em processos industriais ou recuperação de diversos recursos. Além disso, tem como ponto forte projetos focados no setor externo, como a formulação e implementação do PGIR e a avaliação de impactos ambientais. Para o efeito, centra a sua atividade na formação de Tecnólogos e Engenheiros Ambientais com elevado grau de formação científica, propondo e desenvolvendo uma linha de investigação em processos verdes, que responda à solução das necessidades do país na indústria de diferentes processos. , na parte ambiental e agroindustrial.

VISÃO

Em 2024, o grupo GRIIV será um grupo de investigação reconhecido e manterá a sua classificação no sistema científico e tecnológico nacional na categoria C e realizará um forte trabalho investigativo para ascender à categoria B, através da formulação e execução de projetos de investigação. e desenvolvimento, de carácter inovador, que visa analisar e avaliar problemas ambientais e da nossa envolvente que permitam a realização de projectos de investigação e desenvolvimento na parte ambiental, trabalhando em estreita colaboração com outros centros e grupos de investigação e com a indústria, tanto nacional e internacional. Com o objetivo de avançar no desenvolvimento de metodologias ecologicamente corretas.

MISSÃO

Gerar e aplicar conhecimentos, a partir da formulação e desenvolvimento de projetos de pesquisa, nos processos de planejamento, gestão e utilização dos recursos naturais da região andina e dos serviços ambientais que eles geram para o desenvolvimento humano e social sustentável.

VISÃO

Até 2025, o grupo GIECSA terá reconhecimento e classificação no sistema nacional de ciência e tecnologia; desde a formulação, desenvolvimento e execução de projetos de investigação, visando a gestão e utilização sustentável dos ecossistemas e dos serviços ambientais que estes prestam; contribuindo para a gestão ambiental do território na área de influência das Unidades Tecnológicas do Santander, alcançando o reconhecimento como agente de mudança que contribui para o desenvolvimento sustentável, face às novas alterações climáticas e aos cenários pós-conflito que o país deve enfrentar.

PRÓLOGO

PREFÁCIO

A sustentabilidade tornou-se um chamado à responsabilidade, na perspectiva internacional, para o direcionamento das ações individuais na busca do bem-estar comum a partir dos interesses e conquistas individuais.

O caminho iniciado em 1987 pela Comissão Brundtland, ao dar-lhe um sobrenome para entender o Desenvolvimento, tem pouco a fazer, para muitos foi muito percorrido, para muitos outros foi mal percorrido e para muitos outros ainda não foi tomada, mas de qualquer forma, iniciou um caminho que avança em direção ao bem-estar comum, melhores formas de relações sociais, respeito de cada homem pela natureza e compreensão de que as ações individuais têm consequências gerais, portanto, em todos os aspectos que conheço faz parte do Desenvolvimento, o sobrenome Sostenible, ou Sustentável (sem discutir o significado semântico de cada palavra hispânica, mas focado em alcançar novos e melhores resultados), deve ser o foco principal, direcionando ações e esforços para o bem comum, de nossa atual geração e das gerações que receberão um legado planetário neutro.

O desenvolvimento sustentável integra em equilíbrio: aspectos ambientais, como fonte primária de todos os recursos utilizáveis pelo homem, aspectos sociais, como a especialização das ações e relações humanas para proporcionar qualidade de vida, aspectos econômicos, como as diretrizes para a troca de bens e serviços, mercados e fluxos monetários como mecanismo de troca. A interacção destes elementos deve construir condições viáveis, habitáveis e equitativas para todos, na consolidação da qualidade de vida, no acesso e usufruto dos fluxos monetários, dos mercados e dos bens e serviços.

Esses aspectos e suas relações estão presentes em todas as ações que são geradas diariamente, intencionalmente quando as ações são planejadas ou espontaneamente quando as iniciativas fluem para bons resultados, mas também podem estar ausentes ou fragilizadas quando as ações são destinadas a benefícios tendenciosos e em ignorância da realidade biossistêmica na qual estamos todos imersos. Quando isso acontece, uma estratégia de visibilidade da importância da sustentabilidade ajuda a demonstrar e valorizar as contribuições para a sustentabilidade que todas as ações e processos podem gerar.

Com o impulso da comissão Brundtland, em 1992, o mundo foi convocado para a cúpula da ONU no Rio de Janeiro, na qual foram contemplados múltiplos aspectos que promoviam o bem-estar no mundo para a chegada do novo milênio, para o qual a soma de esforço seria a base fundamental de qualquer iniciativa. A RIO92 reuniu lideranças políticas mundiais, iniciativas empresariais proativas para o planeta e movimentos sociais para o bem-estar humano e planetário, gerando a Agenda do novo milênio com o que deveriam ser as apostas transformadoras desse momento. Para o novo milénio, a cimeira ONU2105 em Paris marca o redesenho da abordagem do desenvolvimento sustentável, ao assumir a Agenda 2030 para o desenvolvimento e, dentro dela, os Objectivos de Desenvolvimento Sustentável (ONU, 2015), como os compromissos comuns para transformar o mundo e alcançar bem-estar humano e social em equilíbrio com a natureza. Nesta abordagem, a sociedade, todos os atores económicos e processos ambientais devem ser integrados com mais força e intenção para alcançar resultados sustentáveis, duradouros e eficientes no bem-estar da vida no mundo.

A gestão e planeamento estratégico é um mecanismo com grande potencial devido à sua capacidade integradora de todas as partes, pelo que é inegável a sua pertença à sustentabilidade ao promover o equilíbrio e o bem-estar de todas as partes, centrar esforços nos resultados, contemplar e maximizar os recursos e promover o bem-estar humano como aspecto fundamental da produtividade (Gómez, 2018). Por sua vez, a gestão ambiental contempla a utilização de bens e serviços naturais para satisfazer as necessidades humanas, regulando o seu desperdício ou eliminação de forma a não deteriorar o ambiente de vida e, pelo contrário, melhorar a convivência após a fruição do ambiente, a protecção e conservação da natureza. e a qualidade de vida de todos os habitantes.

As empresas e organizações têm aspectos fundamentais para consolidar a sua sustentabilidade se integrarem a gestão estratégica, para a eficiência produtiva dos seus processos e a gestão ambiental, como orientações para a eficiência dos seus recursos e regulação dos seus efeitos, promovendo assim o seu posicionamento social e comercial. gerando resultados que demonstrem preocupação com seu meio ambiente, em termos de produtos eficientes para as necessidades sociais, que não afetem os ambientes de vida e que sejam duráveis ao longo do tempo (Isaac, Gómez, & Díaz, 2017), aspectos que resultam em benefícios evidentes na solidez econômica , respeito, valorização e identidade com o meio ambiente e respeito e compreensão da dimensão e abrangência social de suas atividades.

Descrevê-los a partir de sua relação com os Objetivos de Desenvolvimento Sustentável deixa claro que os processos de pesquisa das universidades focam nas questões de bem-estar que interessam ao mundo atual e ao horizonte próximo na década que avança até chegar ao ano 2030. Gestão estratégica e ambiental gestão, relacionada ao potencial nas empresas, deixa ideias de como o setor produtivo tem possibilidades de afetar positivamente seu meio ambiente, após reconhecer seus recursos e regular seus resíduos, aproximando-se da população reconhecendo o meio ambiente comum e oferecendo produtos pensados e pertinentes às realidades de a população e, em última análise, como aspectos que fortalecem e aumentam o seu equilíbrio económico, em que os seus lucros e retornos impulsionam o seu compromisso com a sustentabilidade como uma contribuição integral para o bem social.

Carlos Alberto Amaya Corredor
Grupo GIECSA, UTS

INTRODUCCIÓN

INTRODUÇÃO

Hoje todos vivemos condições que nos mostram mudanças no clima global, aumento da radiação solar, períodos de seca mais longos, chuvas mais fortes, tempestades mais intensas, danos ambientais mais fortes, perda de infra-estruturas, enfraquecimento das fontes de recursos para os sistemas produtivos, que também têm tem sido evidenciada em alterações na dinâmica econômica e na dinâmica de vida da sociedade.

Desde a Cimeira da Terra Rio '92, a criação do Painel Intergovernamental sobre as Alterações Climáticas (IPCC) permitiu que o tema das alterações climáticas fosse colocado na discussão global, gerando defensores e detractores, mas permitindo que fosse reconhecido e aprendesse a tornar-se global, decisões regionais ou locais que permitam gerar ações para intervir nos danos que a sociedade reconhece provenientes do clima.

No quinto relatório de avaliação das alterações climáticas (IPCC, 2014), o IPCC definiu a existência de riscos gerados pela combinação de fatores: exposição, vulnerabilidade e perigo exposto de territórios e comunidades. A partir desses fatores é possível identificar os impactos gerados pelas mudanças climáticas, que afetam o clima e os processos socioeconômicos. Nos processos socioeconómicos, afeta a dinâmica produtiva, a dinâmica das medidas de adaptação e mitigação e dos modelos de governação, geradores de emissões atmosféricas e de alterações no uso do solo, que degeneram em alterações climáticas de origem antropogénica e consequentemente em alterações das variabilidades climáticas naturais.

Os efeitos das alterações climáticas têm sido considerados pelo IPCC a nível global e os países têm feito esforços para medi-los nos seus territórios. Pabón (Pabón, 2018)mostra como na Colômbia foi possível identificar as condições das mudanças climáticas, de acordo com as diferentes regiões geográficas e de acordo com a variação de condições como temperatura e precipitação. Por seu lado (Costa, 2007), Costa faz a mesma descrição, tendo também em conta as condições políticas, económicas e sociais, dando assim uma condição especial à forma como o país deve enfrentar os desafios que as alterações climáticas lhe impõem.

Na Colômbia, a cidade de Bucaramanga, desde 2010, iniciou sua participação no programa do Banco Interamericano de Desenvolvimento (BID) para cidades emergentes e sustentáveis da

América Latina, com o qual a formulação e implementação de estratégias de sustentabilidade urbana tem sido uma condição dos governos em poder, para cumprir as exigências deste programa do BID e transformar os ambientes urbanos em favor da qualidade de vida de seus habitantes. Através do IDEAM e do Ministério do Meio Ambiente, em 2015, (MINAMBIENTE, 2017)foi formulado o plano departamental de adaptação e mitigação às mudanças climáticas, Santander 2030, que reconhece a necessidade de fortalecer os processos da cidade de Bucaramanga, para enfrentar esta condição.

Embora o documento Santander 2030 não especifique os processos ou estratégias a seguir para a adaptação e mitigação das mudanças climáticas na capital do departamento, são estabelecidas as referências a serem cumpridas, a partir das quais é possível construir alternativas aplicáveis à realidade de a cidade.

A partir da UTS, na construção do plano de Adaptação e Mitigação às mudanças climáticas da UTS, (AMAYA & HERNANDEZ, 2018)foram gerados programas de ação estratégica para intervir nos diferentes espaços de presença da instituição, um dos programas é a UTS Solidária, com uma linha de ação sobre Mudanças Climáticas : Promoção do comprometimento da UTS na área de influência da instituição, propondo como resultados: Contribuição institucional para a conscientização social sobre as mudanças climáticas e Aumento dos resultados institucionais projetados nas comunidades de influência da UTS.

Como resultado deste reconhecimento de informações, do geral ao particular, foi possível propor um conjunto de estratégias que promovam a adaptação e mitigação de um setor da cidade, Ciudadela Real de Minas, para que sejam estabelecidas experiências que servir como uma réplica estendida por toda a cidade, e avançar na construção de mecanismos de reconstrução da cidade, inicialmente desde cidadãos transformando seus estilos de vida ou costumes de vida, até o planejamento, previsão e infraestrutura da cidade.

CAPITULO 1.

EDUCACIÓN AMBIENTAL, SOLUCIÓN SOSTENIBLE A LA PROBLEMÁTICA DE LA GESTIÓN DE LOS RESIDUOS SÓLIDOS

CAPÍTULO 1.
EDUCAÇÃO AMBIENTAL, SOLUÇÃO SUSTENTÁVEL PARA O PROBLEMA DE GESTÃO DE RESÍDUOS SÓLIDOS

Alba Josefa Vargas Buitrago

Engenheiro Químico, Especialista em Engenharia Ambiental, M.Sc. em Ciências e Tecnologias Ambientais

Professor investigador do Grupo de Investigação GIECSA, vinculado ao programa de Engenharia

Ambiental das Unidades Tecnológicas de Santander

avargas@correo.uts.edu.co

ODS:    

RESUMO

Os mercados geram volumes consideráveis de resíduos sólidos, que contribuem significativamente para a poluição ambiental, principalmente devido à gestão inadequada, que causa impactos ambientais significativos. A destinação de resíduos orgânicos no aterro municipal de Bucaramanga é estimada em 88,18% do valor total, dos quais 33,33% são resíduos de alimentos e boa parte desses resíduos é de origem vegetal segundo a prefeitura de Bucaramanga. Os resíduos sólidos de origem vegetal produzidos nas praças são provenientes de resíduos de diversos tipos de frutas, legumes e verduras, entre outros. O objetivo desta pesquisa foi aplicar uma estratégia de sustentabilidade ambiental utilizando a educação ambiental como ferramenta para transformar a sociedade e gerar hábitos na população da área de influência da praça e desta forma contribuir para os objetivos de desenvolvimento sustentável ODS 11. e ODS 12, para tornar as cidades e comunidades sustentáveis, bem como a produção e o consumo responsáveis pela comunidade. O estudo de caso foi desenvolvido no mercado de São Francisco localizado no município 3 da cidade de Bucaramanga, que atualmente gera cerca de 16 toneladas de resíduos semanais, no qual, através da implementação de estratégias de educação ambiental para cumprir a gestão ambiental , procuramos sensibilizar a população e desenvolver a consciência ambiental para reduzir a geração, reutilizar e reciclar, bem como separar adequadamente os resíduos na origem para que não sejam levados para disposição final, mas sim para compostagem. O resultado foi muito animador, pois foi possível reduzir em 41,3% a quantidade de resíduos gerados, além de melhorar o meio ambiente e a qualidade de vida da população onde são realizadas as atividades comerciais, promovendo a sustentabilidade ambiental da Plaza San Francisco. .

INTRODUÇÃO

Até antes da Lei 99 de 1997, os resíduos sólidos gerados na Colômbia ocupavam um lugar insignificante na análise dos problemas prioritários das cidades. Não só porque a maioria da população pouco pensava nos problemas de poluição que provocavam, mas também porque a sua eliminação foi efectuada sem problemas aparentes, ou pelo menos, sem que a maioria da população soubesse disso. Atualmente na Colômbia são geradas 11.523.807,25 toneladas de resíduos por ano (Superservicios, 2020) . A composição destes resíduos é de 81% de resíduos alimentares, 13% de plásticos, 3% de papel, 2% de metal e 1% de vidro. De acordo com a sua origem, são classificados em 73% domésticos, 13% comerciais, 7% institucionais, 4% industriais, 2% construção e demolição e 1% outros, segundo o Ministério do Ambiente, Habitação e Desenvolvimento Territorial.

Somada ao problema atual de geração e gestão de resíduos na cidade está a crescente tendência global de produção de resíduos (PNUMA, 2002) . Na América Latina, nos últimos 30 anos, a geração de resíduos duplicou, com uma média regional de 0,92 kg (PNUMA, 2002) . No caso da Colômbia, em 2018 foram gerados 515 kg por habitante por ano (DANE, 2020) , até 2030 a geração de resíduos em áreas urbanas e rurais poderá atingir 18,74 milhões de toneladas por ano; dos quais 14,2 milhões de toneladas de resíduos por ano devem ser descartados em aterros que não possuem capacidade suficiente para recebê-los, pois nos diferentes aterros haveria um déficit de capacidade instalada, que é estimada em 10,28 milhões de toneladas até 2030 (DNP , 2016) .

Da mesma forma, a produção e destinação final de resíduos tornou-se um dos principais problemas mundiais. A globalização, concebida como um desenvolvimento económico baseado na integração das economias locais numa economia de mercado global (Aguilar Benítez, 2011) , na qual os mercados e os capitais se estabelecem à escala global, juntamente com o estabelecimento definitivo de uma sociedade determinada pelo hiperconsumismo, que segundo Naomi Klein: "Globalizamos completamente um modelo económico insustentável de hiperconsumismo, que agora está se espalhando com sucesso pelo mundo e está nos matando" e o urbanismo transbordante que se torna uma geração sem controle crescente de resíduos e sem possibilidade de gestão. , processar ou levar à disposição final de forma controlada e sustentável.

Levando em conta o exposto, apesar de ser um aspecto relevante, o aumento da aquisição de bens e serviços na economia torna-se um fator prejudicial ao meio ambiente, uma vez que a cada dia entra maior quantidade e variedade de novos produtos, sua aquisição e permanência. começa o descarte. Desta forma, o modelo de sociedade passou a ser comprar, usar e jogar fora, obtendo mais do que realmente precisamos, geralmente sem levar em conta os efeitos que isso trará (Franco Antolinez, Meza Joya, & Almeira, 2018) . Da mesma forma, o aumento da geração e acumulação de resíduos em aterros levou ao colapso, devido ao consumo de bens e serviços, o que é uma tendência mundial, apesar de o Capítulo 21 da Agenda 21 determinar as diretrizes para a gestão integral dos resíduos sólidos urbanos. como parte do desenvolvimento sustentável. Determina-se então que a gestão dos resíduos sólidos deve contemplar ações para minimizar a geração de resíduos, reciclagem, coleta, tratamento e disposição final adequada. Além disso, estabelece que cada país e cada cidade formularão programas ou estratégias para alcançar uma gestão adequada de resíduos de acordo com suas condições locais e capacidade econômica (Acurio, Rossin, Paulo, & Francisco, 2014) .

Uma opção e talvez a mais importante para resolver os problemas associados à geração de resíduos é a educação ambiental, que, segundo a EPA, aumenta a consciência e o conhecimento dos cidadãos sobre questões ou problemas ambientais. Ao fazê-lo, fornece ao público as ferramentas necessárias para tomar decisões informadas e ações responsáveis (Thomas-Hope, 1998) . A educação ambiental é uma ferramenta social que permite aos indivíduos obter um conhecimento significativo do ambiente habitado, reduzir a probabilidade de gerar impactos ambientais e responder à presença de fenômenos ambientais aos quais são vulneráveis (Rojas Hernández, 2007) .

Deste mesmo ponto de vista, em 2015 foi adotada uma nova política global por 193 países membros das Nações Unidas denominada Agenda 2030 para o Desenvolvimento Sustentável, que visa aumentar o desenvolvimento do planeta e melhorar a qualidade de vida de todos os seres humanos. seres humanos com 17 Objetivos de Desenvolvimento Sustentável (ODS). Até 2030, um dos objetivos é reduzir efetivamente a produção de resíduos através da prevenção, redução, reciclagem e reutilização. É cada vez mais viável abraçar padrões de produção, consumo sustentável e gestão adequada dos resíduos sólidos gerados para reduzir significativamente os danos ao meio ambiente e à saúde.

Para a Colômbia é um desafio, pois historicamente a gestão de resíduos tem gerado uma dívida ambiental, já que, há algum tempo, predominam sistemas de descarte descontrolado, dentro dos quais o depósito de 'lixo' foi incluído nos corpos d'água, gerando grande poluição hídrica na maior parte dos rios do país, queimadas descontroladas que geram poluição do ar e do solo, lixões a céu aberto gerando impacto visual e geração de gases e soterramentos descontrolados, entre outros. Dentro deste panorama, as praças de mercado não estão imunes a este problema, por isso há uma necessidade expressa de gerar ações contundentes para gerir adequadamente os resíduos gerados nestes espaços, importantes para o abastecimento de itens que solucionem as necessidades básicas da população.

PROBLEMA IDENTIFICADO

A gestão inadequada dos resíduos sólidos urbanos (RSU) gera um problema e preocupação crescente nas cidades dos países em desenvolvimento. Os resíduos sólidos gerados nas cidades geralmente são descartados em lixão a céu aberto ou aterro, o que não é uma ação ambientalmente viável para sua eliminação, uma vez que esta atividade acarreta riscos ambientais que geram desequilíbrios ecológicos no que diz respeito aos recursos naturais e à biodiversidade. Os municípios enfrentam um grande problema com a gestão e destinação final dos resíduos gerados, tendo em vista que isso acarreta um gasto muito grande, e não é uma necessidade para as administrações, por isso recebe muito pouco interesse e investimento. Não se trata apenas de uma situação técnica, mas também de uma situação social, ambiental, cultural, jurídica e económica, como, por exemplo, os recursos disponíveis para a formulação e execução de planos de gestao de residuos estruturados de forma a serem não sustentável (Vargas Buitrago, 2016) .

O aumento da população e do nível de vida da comunidade, o rápido crescimento económico, a falta de cultura e de compromisso ambiental levaram a um ponto muito preocupante no que diz respeito aos problemas ambientais associados à gestão de resíduos; o que requer um plano de gestão adequado, muita vontade, compromisso político e económico, bem como uma mudança de cultura na sociedade e um compromisso com uma gestão adequada de resíduos (Baud, Grafakos, Hordijk, & Post, 2001) . Devido aos fatores acima mencionados, gera-se um risco ambiental direto à saúde pública nas praças públicas, afetando a qualidade de vida da população.

A poluição nos três recursos (solo, ar e água) é produzida pela procura de bens e serviços provenientes das actuais formas de produção e consumo de origem antrópica que geram uma grande quantidade de resíduos, que juntamente com o crescimento demográfico têm afectado a resiliência da ecossistemas estratégicos. Na área de influência onde o projeto está sendo desenvolvido, que é a praça do mercado de São Francisco, é identificada poluição atmosférica e visual, como acúmulo de pontos críticos, presença de roedores e urubus. Além disso, os efeitos no local de disposição final desses resíduos geram emissões que poluem o ar, lixiviados que carregam substâncias tóxicas que contaminam o solo, a água e, portanto, a biodiversidade. Em geral, os gases gerados contribuem para o aquecimento global, aumentando a crise devido às alterações climáticas. Do ponto de vista social e comercial, gera-se um impacto negativo devido à diminuição da qualidade de vida devido a problemas de saúde pública, prejuízo ao seu património, diminuição dos rendimentos devido ao impacto da sua actividade comercial, entre outros.

A Educação Ambiental como estratégia de gestão ambiental pode contribuir para a redução da geração de resíduos e sua gestão adequada?

DESENVOLVIMENTO DO CAPÍTULO

Situação Atual dos Resíduos Sólidos no Mundo

De acordo com o Banco Mundial, um dos subprodutos mais importantes do estilo de vida urbano, os resíduos sólidos urbanos (RSU), está a crescer de forma alarmante, ainda mais rápido do que a taxa de urbanização. Em todo o mundo, há dez anos, havia 2,9 mil milhões de residentes urbanos que geravam cerca de 0,64 kg de RSU por pessoa por dia (0,68 mil milhões de toneladas por ano). Estima-se que hoje estas quantidades aumentaram para cerca de 3 mil milhões de habitantes gerando 1,2 kg por pessoa por dia (1,3 mil milhões de toneladas por ano). Para 2025, establece un incremento del 70% de los residuos municipales, esto probablemente aumentará a 4,3 mil millones de residentes urbanos que generarán alrededor de 1,42 kg / cápita / día de desechos sólidos municipales (2,2 mil millones de toneladas por ano). (Revisão e Gestão, sd) .

Com base na quantidade de resíduos gerados, na sua composição e na forma como são geridos, estima-se que em 2016 o tratamento e eliminação de resíduos gerou a emissão equivalente a 1,6 mil milhões de toneladas de dióxido de carbono, o que representa cerca de

5% do total de gases com efeito de estufa. emissões, enquanto os aterros sanitários geram 12% do total das emissões globais de metano, de acordo com o relatório What a Waste 2.0 do Banco Mundial em 2018. Além disso, estabelece que, embora esta seja uma questão que as pessoas estão cientes, o aumento na geração de resíduos está em uma taxa preocupante. Os países estão a desenvolver-se rapidamente, sem levar em conta tecnologias eficientes para gerir a composição variável dos resíduos gerados pela população. As cidades, onde vive mais de metade da população e onde é produzido mais de 80% do produto interno bruto (PIB) do planeta, estão numa posição de vanguarda quando se trata de enfrentar o desafio dos resíduos a nível global (Kaza, Yao , Bhada-Tata e Van Woerden, 2018) .

Tendo em conta que se prevê que a produção de resíduos aumente com o desenvolvimento económico e o crescimento demográfico, é viável que os países de rendimento médio-baixo registem o maior aumento na produção de resíduos. Os países de rendimento médio-alto e de rendimento elevado fornecem serviços de recolha de resíduos quase universais e mais de um terço dos resíduos dos países de rendimento elevado são reciclados e compostados. Nos países de baixo rendimento, cerca de 48% dos resíduos são recolhidos nas grandes cidades, apenas 26% no sector rural e apenas 4% são reciclados a nível nacional. No total, 13,5% dos resíduos globais são reciclados e 5,5% são compostados.

Situação atual dos resíduos sólidos na Colômbia

De acordo com o Departamento Nacional de Planejamento (DNP) com o CONPES 3.530 de 2008, e após a eliminação dos locais de disposição final inadequados de forma bem sucedida e verificável, os Planos Integrados de Gerenciamento de Resíduos Sólidos PGIRS adquirem relevância à medida que são determinados mecanismos de organização dos territórios e ações. para o desenvolvimento de regimes eficientes, bem como regimes de regionalização. Além disso, são estabelecidas estratégias sectoriais com o intuito de determinar uma estratégia de reciclagem e utilização organizada em cidades ou regiões com viabilidade técnica e económica para o seu desenvolvimento. Além disso, a regionalização é procurada como uma estratégia política de gestão de resíduos que perdurou ao longo do tempo, estabelecida nos diferentes Planos de Desenvolvimento a nível Nacional com o propósito de estimular a implementação de aterros sanitários e estações de transferência regionais (DNP, 2008) .

No documento CONPES 3.874 de 2016, com o qual foi instituída a mais recente Política Nacional de Gestão Integral de Resíduos Sólidos, o horizonte e o objeto da política evolui, agregando além do benefício à saúde, um benefício ambiental, social e econômico de tal para que contribua para a promoção da economia circular, do desenvolvimento sustentável e da adaptação e mitigação das alterações climáticas. Destacam-se transformações nas quais interessam a segregação dos resíduos na origem, a cultura da população, o aproveitamento dos resíduos e a formalização dos recicladores como atores decisivos na coleta e transporte dos resíduos aproveitáveis. (Superserviços, 2020) . Por outro lado, segundo o documento CONPES 3874, a Colômbia terá 64 cidades com mais de 100.000 habitantes em 2035, pelo que a geração de resíduos em áreas urbanas e rurais poderá atingir 18,74 milhões de toneladas anuais; das quais 14,2 milhões de toneladas anuais de resíduos devem ser descartadas em aterros que não possuem capacidade suficiente para recebê-los (DNP, 2016) .

Atualmente, o país gera mais de 12 milhões de toneladas de resíduos sólidos por ano, dos quais apenas 17% são reciclados. De todos os resíduos gerados no país, 96,01% são descartados em 174 aterros sanitários de 973 municípios dos 1.102 que compõem o país. O restante dos resíduos é descartado em lixões a céu aberto, células temporárias e células de contingência. e estações de tratamento, das quais vale esclarecer que lixões a céu aberto e células temporárias não são autorizados pelo órgão ambiental. Dos 174 aterros que representam 100%, 49,4% já expiraram a vida útil ou estão prestes a expirar no curto prazo e os restantes têm prazo de 10 anos ou mais, tendo em conta que o relatório é formulado a partir de dezembro de 2018 (Superserviços, 2020) .

O Departamento Nacional de Planejamento (DNP) afirma que a Colômbia no ano 2030 terá emergências sanitárias na maioria das cidades e uma alta geração de emissões de gases de efeito estufa, que afetam a qualidade do ar e contribuem para o aquecimento global, continuarão na mesma dinâmica de geração de resíduos, sem encontrar soluções para melhorar a redução e utilização deste.

Situação dos resíduos a nível regional

Um estudo realizado pela Prefeitura de Bucaramanga em 2018 revelou que a cidade tem baixa qualidade ambiental e que Bucaramanga é a cidade que mais gera lixo por habitante no país (Arenas, 2019) . No estudo de impacto ambiental desenvolvido, constatou-se que cada habitante de Bucaramanga produz mais de um quilo de resíduos sólidos por dia (1.034 kg/habitante*dia) (SNEIDER, 2018) , ainda acima do que diz a norma, que fala em 0,97 quilos por habitantes por dia (DANE, 2020) , sendo este um dos problemas mais importantes, que faz do município o maior gerador de lixo da Colômbia (RESPUESTA_2_SALUDMEDIOAMBIENTE_PROPO_51_2021.pdf, n.d.) .

O aterro de Carrasco recebe 200.612 toneladas de resíduos por ano (Superservicios, 2020) , dos quais a matéria orgânica descartada chega perto de 55%. Há mais de 20 anos, El Carrasco é o local de disposição final de resíduos sólidos da região metropolitana de Bucaramanga e de outros 17 municípios; ad-portas de crise sanitária devido ao fechamento do aterro, com 5 vezes mais emergências ambientais, a última em setembro de 2017 e atualmente sendo declarada calamidade pública pelo município de Bucaramanga.

O resultado da situação do aterro é consequência de fatores administrativos, técnicos, políticos e, de longe, é o reflexo dos moradores como sociedade, que não se responsabiliza pelos graves danos causados pelos resíduos que são gerados e os danos ainda mais graves gerados por estes resíduos mal geridos. Deve-se considerar que o Carrasco já completou sua vida útil e apesar disso continuou operando sob declaração de emergência sanitária e atualmente sob declaração de calamidade pública.

Impactos Gerados pelos Resíduos Sólidos

Os resíduos sólidos constituem uma poderosa fonte de poluição para a saúde e o ambiente; O manejo inadequado e a má disposição final, além de impactarem os recursos naturais e a saúde das populações, afetam diretamente o impacto na paisagem. Esses impactos são riscos diretos que ameaçam a saúde das pessoas e geram efeitos ambientais no local de influência onde os resíduos são gerados ou descartados. Os riscos indiretos são constituídos por vetores de doenças e efeitos ambientais que provocam deterioração paisagística e algum tipo de contaminação dos recursos naturais com efeitos não necessariamente na área de influência dos resíduos gerados e geralmente a longo prazo.

Entre os potenciais efeitos que o acúmulo e disposição inadequados de resíduos sólidos geram estão: fragmentação pela perda e destruição do habitat gerado na construção do aterro e suas obras complementares, como estradas, sistemas de tratamento, entre outros; produção de gases com efeito de estufa devido à degradação da matéria orgânica aí existente, o que, a longo prazo, contribui para as alterações climáticas e as consequências que estas acarretam; contaminação do solo e da água devido à mudança de uso e ao lançamento de lixiviados respectivamente com a presença de substâncias altamente tóxicas, como os desreguladores endócrinos, dos quais os metais pesados estão presentes em muitos resíduos que são descartados, chegam aos aterros ou chegam diretamente aos aterros. o oceano, onde entram na cadeia alimentar desde o plâncton até ao homem, o que, pela sua capacidade de bioacumulação a longo prazo, contribui para efeitos nos seres vivos como a feminização das espécies, situação que é de grande preocupação para a ciência comunidade. Também a presença de pragas associadas à disponibilidade de alimentos e ambientes favoráveis à reprodução e à presença de maus odores.

O efeito ambiental mais grave, mas menos reconhecido, é a contaminação das águas, tanto superficiais como subterrâneas, devido ao despejo de lixo em rios e córregos, bem como de líquido percolado (lixiviado), produto da decomposição de resíduos sólidos em lixões a céu aberto. A descarga de resíduos sólidos nas correntes hídricas aumenta a carga orgânica que diminui o oxigénio dissolvido, aumenta os nutrientes que promovem o desenvolvimento de algas e leva à eutrofização, provoca a morte de peixes, gera maus odores e deteriora a beleza natural deste recurso.

Outro impacto negativo é a degradação do solo, causada pelo descarte e armazenamento de resíduos, que gera intoxicação do solo pelo despejo de compostos tóxicos e perturba suas propriedades físico-químicas. Um terceiro efeito negativo é a poluição do ar, produto de resíduos depositados em aterros, parques, estradas e ruas, que causam problemas respiratórios e irritações nos olhos e nariz, além do desconforto causado por odores desagradáveis. Os gases com efeito de estufa provenientes dos resíduos são um dos principais contribuintes para as alterações climáticas. Em 2016, 5% das emissões globais vieram da gestão de resíduos sólidos, sem incluir transporte (GONZÁLES, 2016) .

Outro problema ambiental que Bucaramanga e sua região metropolitana enfrentam atualmente tem a ver com a presença dos abutres "Coragyps atratus". O urubu é uma ave necrófaga cuja função no meio ambiente é 'limpar'. Porém, a superpopulação deste animal tem gerado múltiplas dificuldades na região metropolitana de Bucaramanga, razão pela qual um herói ambiental se tornou um vilão. Segundo Gerson Peña D., biólogo da Área Metropolitana de Bucaramanga (AMB), o aumento descontrolado da população de urubus na capital de Santander disparou os alarmes da autoridade ambiental e da Aeronáutica Civil.

Aterros sanitários e mudanças climáticas

Os alarmes da comunidade científica foram acionados pela evidente e iminente mudança da temperatura terrestre, o que deu início a um processo de investigação dos fatores ou elementos que de alguma forma podem gerar o que se tem chamado de mudanças climáticas. Elementos que, embora de forma invisível e imperceptível, dão um grande contributo para a produção dos chamados GEE ou gases com efeito de estufa, precursores das alterações climáticas e das suas consequências. Os locais de disposição final são meios de acumulação de resíduos que, pela sua relevância dentro do ciclo de produção de gás, requerem atenção especial (Bingemer & Crutzen, 1987) .

A geração de biogás em aterro é o problema ambiental que ocupa o segundo lugar em ordem de importância, depois da produção de lixiviado, produto do acúmulo de resíduos em locais de disposição final (Camargo & Vélez, 2009) . Entre os impactos que lhe são atribuídos está a sua contribuição para o aquecimento global através do chamado efeito estufa. Os efeitos diretos e indiretos do CH4 são calculados como 20 vezes maiores que uma massa equivalente de CO2. A emissão global de CH4 é estimada entre 20 e 70 tg/ano (1 tg = 1012 g) (Bingemer & Crutzen, 1987) . Embora este método de armazenamento final de resíduos seja extremamente ativo na geração de GEE, são fontes que após o quinto ano e ao longo de sua vida útil, têm a possibilidade de contaminar por muitos anos, principalmente no que diz respeito ao gás metano CH4, para o qual é determinado que é responsável por 13% das emissões totais em todo o mundo e onde sua produção continuará mesmo após o fechamento do aterro, por um período projetado de 50 anos (Pinzón Uribe, 2013) .

Um aterro sanitário funciona como um reator bioquímico, tendo matérias-primas (resíduos) e água como entradas, descargas (lixiviados) e gases como principais saídas. Qualquer elemento biodegradável que for colocado em um lixão ou aterro receberá a ação de microrganismos, levando à decomposição e gerando gases que são emitidos para o ar.

Na posição da comunidade científica que estuda os efeitos do aquecimento global e, portanto, das alterações climáticas, considera-se que a maior parte destes impactos será prejudicial aos interesses da humanidade e amanhã haverá um "aumento do efeito estufa". " gerado pelo aumento das concentrações de GEE em decorrência do aumento das ações desenvolvidas pelo homem (Common & Stagl, 2008) . A avaliação realizada pelo Painel Intergovernamental sobre Mudanças Climáticas (IPCC 2000), formado para avaliar a probabilidade de geração de aquecimento em decorrência da emissão de gases de efeito estufa, no relatório especial número três sobre cenários de emissões IE-EE determinou que as emissões de gases de efeito estufa são o resultado de sistemas dinâmicos muito complexos, predeterminados por cenários como o crescimento populacional, o desenvolvimento socioeconómico e a mudança tecnológica (White et al., 2001) .

Objetivos de Desenvolvimento Sustentável - ODS

Em 2015, 193 países membros das Nações Unidas adotaram uma política global denominada Agenda 2030 para o Desenvolvimento Sustentável, que contém 17 objetivos denominados Objetivos de Desenvolvimento Sustentável (ODS). Adicionalmente, os 17 ODS estão integrados, pois fica estabelecido que a interferência em um objetivo impactará nos frutos de outros e, além disso, o desenvolvimento deve gerar equilíbrio na sustentabilidade ambiental, econômica e social.

No cenário especial dos resíduos, embora se aceite que eventos específicos possam alterar positivamente vários dos objectivos, os indicadores para medir as metas face à questão específica centram-se em apenas 2 objectivos. No ODS 11 "Tornar as cidades e os assentamentos humanos inclusivos, seguros, resilientes e sustentáveis" e no ODS 12 "Garantir padrões de consumo e produção sustentáveis". A meta 11.6 propõe, até 2030, reduzir o impacto ambiental negativo per capita das cidades, nomeadamente prestando especial atenção à qualidade do ar e à gestão dos resíduos municipais e outros. A Meta 12.5 propõe, até 2030, reduzir consideravelmente a geração de resíduos por meio de atividades de prevenção, redução, reciclagem e reutilização.

O ODS 12 considera a produção e o consumo sustentáveis como meta, tendo ações globais e locais como estratégia, para alcançar o uso eficiente dos recursos naturais. Este objetivo incorpora também a gestão de resíduos e a redução de emissões poluentes. Consistente com os resíduos, este ODS pode ser alcançado minimizando a produção de resíduos através da prevenção, redução, reciclagem e reutilização, tanto no consumo como na produção. É cada vez mais evidente que a gestão adequada dos resíduos sólidos e a adoção de modelos sustentáveis de produção e consumo conduzem a uma redução significativa dos efeitos negativos no ambiente e na saúde.

Além disso, redesenhar o ciclo de vida do produto e a cadeia produtiva, separar e descartar adequadamente os resíduos, cuidar do desperdício e da perda de alimentos, incluindo as perdas pós-colheita. Adotar tecnologias que reaproveitem resíduos, aproveitem ao máximo as matérias-primas, pensem no pós-consumo e nas embalagens, vinculando o produtor ao princípio da responsabilidade ampliada.

Educação Ambiental como Estratégia de Gestão de Resíduos

Um propósito elementar da educação ambiental é garantir que tanto as pessoas como as comunidades compreendam a complicada essência do meio ambiente (resultado da inter-relação dos seus diferentes aspectos: biológicos, físicos, culturais, económicos, sociais, etc.) e alcancem os valores, os conhecimentos e competências práticas para ser uma solução responsável e eficaz na previsão e solução dos efeitos ambientais e na gestão da qualidade ambiental. Deste ponto de vista, a educação ambiental desempenha um papel substancial no enfrentamento deste desafio, promovendo uma "aprendizagem responsável" identificada pela antecipação e participação que permite não só compreender, mas também envolver-se naquilo que devemos manter. Nesse sentido, é necessário estimular a apropriação de valores, consciência e comportamentos que favoreçam a participação efetiva e assertiva da comunidade no processo de tomada de decisão. A educação ambiental concebida sob este ponto de vista pode e deve ser um factor estratégico que afecta o modelo de desenvolvimento estabelecido para o reorientar para a sustentabilidade e a equidade ambiental, social e económica.

Segundo o Ministério do Meio Ambiente e Desenvolvimento Sustentável 2021, a educação ambiental consiste em conscientizar sobre a nossa realidade no mundo e a nossa relação conosco e com a natureza, sem esquecer os problemas que surgem dessas relações. Cada um dos Objetivos de Desenvolvimento Sustentável (ODS) enquadra-se perfeitamente nesta definição, pois nada mais são do que os efeitos ambientais que surgiram das nossas relações e do uso que fazemos da natureza e que devemos resolver se queremos que o nosso futuro seja ser sustentável.

Além disso, não só os ODS podem ser a nova base para a educação ambiental, mas esta ação pode ser a melhor ferramenta da sociedade para alcançar os ODS. A transversalidade que a educação ambiental procura permite enfrentar todos estes desafios a partir de um único momento com dinâmicas que nos fazem pensar e refletir sobre a desigualdade nas diferentes partes do mundo, a nossa responsabilidade para com eles e a necessidade de tomar medidas que nos façam desenvolver. juntos e melhor. O que a educação ambiental busca nada mais é do que conscientizar nossas ações para que uma ação tão simples como usar uma sacola de pano reutilizável seja o primeiro passo para acabar com a pobreza e proteger o meio ambiente. Porque essa é a base da educação ambiental e dos ODS, tudo está relacionado e se você quer um mundo sustentável, com tudo o que isso implica: igualdade, desenvolvimento sustentável, fim da fome e da pobreza, você deve lutar para alcançá-lo em todos os aspectos da nossa vida.

Estudo de caso da Market Square São Francisco

Os centros de abastecimento alimentar da cidade de Bucaramanga e sua região metropolitana geram resíduos sólidos de alto valor de uso; No entanto, a gestão inadequada tem levado à configuração de pontos críticos devido à contaminação, deteriorando a paisagem urbana e colocando em risco a saúde pública devido ao risco associado à presença de vetores de saúde. O aterro de Carrasco recebe diariamente 40 toneladas de resíduos provenientes das praças do mercado de Bucaramanga, segundo dados da Área Metropolitana de Bucaramanga (AMB). Consequentemente, constituem uma matéria-prima potencial a ser explorada. Adicionalmente, a falta de conhecimento por parte de todos os atores que fazem parte da cadeia produtiva e comercial, somada à falta de intervenção direta dos órgãos responsáveis, amplia o problema, tendendo a reduzir a qualidade de vida dos usuários, comerciantes e moradores da área de influência e aqueles que utilizam esses espaços públicos.

A Região Metropolitana de Bucaramanga (AMB) como autoridade ambiental em 2015, formulou a resolução 0085 de 2015 com base na Resolução 754 de 2014 do Ministério do Meio Ambiente e Desenvolvimento Sustentável, pela qual determinou as normas para a formulação, monitoramento e avaliação do Plano Integrado de Gestão de Resíduos Sólidos nos mercados, denominados Programas Internos de Armazenamento e Apresentação de Resíduos Sólidos. Esta resolução estabeleceu a formulação de 8 subprogramas como ferramenta de gestão dos problemas específicos identificados em cada um dos mercados.

Dentro das estratégias, a educação ambiental se mostra como uma alternativa de alto impacto para melhorar as atuais condições ambientais descritas anteriormente. A solução proposta a curto, médio e longo prazo é de natureza prática, estruturada como um programa imerso no plano integral de gestão de resíduos sólidos aplicável ao mercado de acordo com a regulamentação ambiental vigente na matéria. Este instrumento de gestão envolve o desenvolvimento de atividades como sensibilização, pedagogia ambiental, caracterização de resíduos, verificação do cumprimento de medidas e estratégias, controlo e monitorização. O objetivo é unir forças entre usuários comerciais, empresas públicas e academia para consolidar um mecanismo eficiente na gestão desses resíduos sólidos, fortalecendo uma cultura racional que se reflete na minimização da geração, segregação adequada na fonte, reutilização, reciclagem, coleta, transporte e disposição final.

METODOLOGIA

Ao identificar o problema na praça do mercado de São Francisco, é necessário propor ações que visem minimizar os impactos sociais, econômicos e ambientais derivados do cenário já descrito; É por isso que foi desenvolvida uma estratégia de gestão para o mercado. Esta estratégia consistiu na formulação e implementação das diretrizes estabelecidas pela Área Metropolitana de Bucaramanga (AMB). No desenvolvimento desta estratégia foi dada importância primordial à educação ambiental para promover uma mudança de cultura na comunidade, traduzindo-a numa melhor qualidade de vida da sua população.

A praça do mercado está localizada no setor nordeste da zona urbana da cidade de Bucaramanga, com área de 6.400 m2, no município 3 da cidade. É um centro de acolhimento cultural, social e económico; onde se realizam diversas atividades que apoiam o comércio da cidade. Possui 935 barracas distribuídas entre frutas, verduras, carnes, laticínios e outros. O processo comercial geral dos mercados é muito prático e consiste na compra, recebimento, armazenamento, desembalagem, embalagem e venda de mercadorias.

A metodologia desenvolvida na área de estudo que inclui o mercado apresenta um desenho descritivo quantitativo, tendo uma relação causal principal onde os impactos ambientais negativos devido à geração de resíduos constituem o principal fator que impulsiona o estudo, buscando através da educação ambiental uma ferramenta para controlar e minimizar os impactos derivados, onde o efeito final é a melhoria da qualidade de vida da comunidade na área de influência da praça do mercado e do aterro de Carrasco. Através deste desenvolvimento metodológico, procuramos não só abordar o problema, mas também tentar encontrar as suas causas para o seu posterior desenvolvimento e solução através de estratégias de educação ambiental para transformar a consciência da comunidade e, portanto, do meio ambiente. Essas ações foram norteadas por atividades estruturadas nos subprogramas formulados, a fim de gerar e avaliar índices de gestão em cada uma das atividades desenvolvidas.

O referencial metodológico é o conjunto de etapas, técnicas e procedimentos que são utilizados para formular e resolver problemas (Fidias G., 2012) . Nesse sentido, para preparar o diagnóstico ou linha de base, foram realizadas pesquisas, entrevistas e checklists. , pessoal administrativo, pessoal de serviços gerais, pessoal encarregado da recolha e eliminação de resíduos; bem como registro fotográfico das áreas a serem avaliadas conforme figura 1.

Figura 1 . *Quadro metodológico*

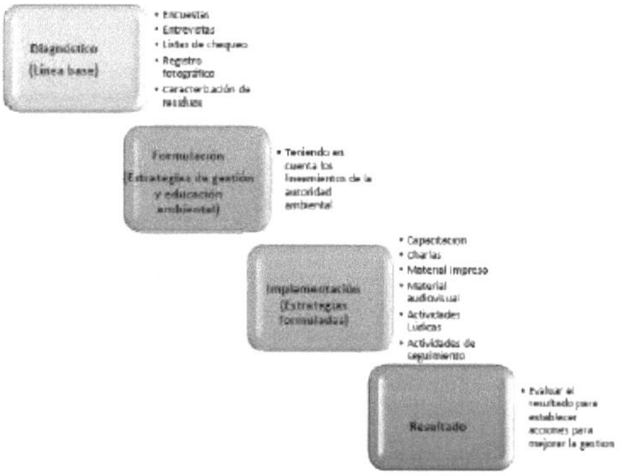

Fonte. Autor

Da mesma forma, para a quantificação e qualificação dos resíduos, foi desenvolvida a caracterização através do método de análise estatística por amostragem. Este método determina que deve ser desenvolvido para 8 dias, retirando as informações de 7 dias, descartando as primeiras, no momento em que a unidade de armazenamento estiver em funcionamento, separando os resíduos de acordo com sua composição para posteriormente pesá-los e registrar as informações coletadas . Esta atividade permite-nos identificar o tipo de resíduos que são gerados no mercado, bem como a quantidade de resíduos para estabelecer as ações a abordar para a sua correta gestão.

O cronograma de desenvolvimento do projeto inclui a primeira fase composta pelo diagnóstico ou linha de base e a formulação dos subprogramas ou estratégias de educação e gestão ambiental que compõem o programa de Apresentação e Armazenamento Interno de Resíduos ou PGIRS, que durou cerca de 1 ano. Uma vez aprovado pelo órgão ambiental, teve início a segunda fase contemplada pela implantação do programa, que foi estabelecido por um período de 5 anos no curto, médio e longo prazo. Atualmente, o programa está em fase de execução de médio prazo, durante 3 anos. A implementação das estratégias de gestão e educação ambiental foram desenvolvidas vinculando os alunos da modalidade prática do programa Engenharia Ambiental e Tecnologia em Recursos Ambientais das Unidades Tecnológicas do Santander, que se deslocam diariamente ao estabelecimento comercial para realizar a etapa de implantação do os subprogramas formulados, ou seja, todas as atividades contempladas para o gerenciamento adequado dos resíduos, principalmente por meio de atividades de educação, recreação, treinamento, monitoramento e controle. Bem como, a avaliação dos resultados obtidos para a melhoria da gestão.

RESULTADOS E DISCUSSÃO

O diagnóstico ambiental e de saúde permite identificar e interpretar as atuais condições ambientais em que se encontram os recursos utilizados para a prestação do serviço de limpeza, conferindo-lhes uma avaliação qualitativa e quantitativa dos efeitos ambientais mais relevantes. O facto de ser produzida uma grande quantidade de resíduos orgânicos no estabelecimento comercial, que pelas suas características consegue decompor-se rapidamente, transforma-o num importante factor capaz de desencadear impactos ambientais mais directos e imediatos, razão pela qual é importante implementar estratégias para o uso do referido material que é gerado diariamente.

Na etapa de diagnóstico ou linha de base foram aplicadas ferramentas de diagnóstico como checklists, pesquisas, entrevistas, registros fotográficos para identificar aspectos de gestão de resíduos, hábitos de apresentação de resíduos, separação, reciclagem, uso, conhecimento sobre resíduos, operadores, etc.; com o qual se identificou de forma geral que não havia conhecimento na praça por parte dos usuários comerciantes sobre a gestão dos resíduos sólidos e além disso não havia uma estratégia estabelecida para a sua gestão, simplesmente estava disponível na sala de armazenamento sem qualquer. manuseio para serem recolhidos pelo operador e levados para disposição final. Da mesma forma, foi realizada a caracterização inicial dos resíduos, que também faz parte do diagnóstico, no qual são determinadas quantitativa e qualitativamente as características dos resíduos gerados, foi realizada uma medição dos resíduos apresentados no armazém, durante um semana, no dia de funcionamento da praça, conforme Tabela 1. Na caracterização inicial, ficou evidente que nenhum usuário realiza separação na fonte ou armazenamento seletivo no depósito.

A Tabela 1 mostra a quantidade de resíduos gerados semanalmente no mercado, chegando a quase 40 toneladas por semana, com média diária de 5,5 toneladas por dia.

Tabela 1. Distribuição Diária dos Resíduos Sólidos Gerados

Registro dos resultados quantitativos (quilogramas) da caracterização da linha de base					
Tipo de resíduo gerado (kg)	Orgânico	Inorgânico não utilizável	inorgânico utilizável	Especiais	Dia total (kg/dia)
Terça-feira	3842,62	388.04	352,9	986,83	5570,39
Quarta-feira	4954,9	397,98	218,84	883,78	6455,5
Quinta-feira	3630	218,97	159	1037,86	5045,83
Sexta-feira	3643	435,25	218,88	1429,77	5726,9
Sábado	3671	336,7	155,35	841,5	5004,55
Domingo	3476	200,28	111.31	844,2	4631,79
Segunda-feira	4915	343,96	112,71	1309.05	6680,72
Semana total	28132.52	2321.18	1328,99	7332,99	39115,68
% na composição	71,9	5.9	3.4	18,7	100

Fonte. Autor

A Figura 2 mostra que 71,9% dos resíduos gerados na praça do mercado de São Francisco são resíduos orgânicos, os resíduos inorgânicos utilizáveis representam 3,4%, os resíduos inorgânicos não utilizáveis representam 5,9% e os resíduos inorgânicos não utilizáveis representam 5,9%.

Figura 2 . Distribuição percentual de resíduos gerados

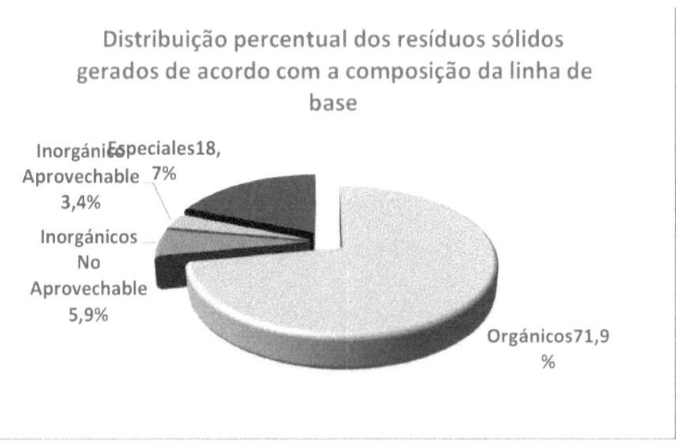

Fonte: Autor

Concluída a etapa de diagnóstico, formulação e aprovação dos programas, iniciou-se a etapa de implementação das atividades propostas de sensibilização, educação, monitoramento e controle. Atividades como formação, palestras, oratória e divulgação de material pedagógico sobre aspetos importantes a ter em conta na gestão de resíduos; Da mesma forma, a fiscalização do local de armazenamento, dos veículos de recolha e transporte de resíduos e o acompanhamento da separação na origem dos resíduos por cada licitante vencedor. Todas as atividades são importantes, mas é feito um acompanhamento especial na separação na fonte, pois é importante que todos os licitantes vencedores entreguem os resíduos separados de acordo com sua composição para realizar a coleta seletiva e aproveitamento dos resíduos vegetais orgânicos através da compostagem. Da mesma forma, atividades de educação ambiental, para gerar uma mudança de comportamento que leve à transformação social.

Mesa 2. Distribuição diária dos resíduos sólidos gerados após 3 anos

Tipo de resíduo gerado	Resíduos sólidos Orgânico	Resíduos sólidos inorgânicos inutilizáveis	Resíduos sólidos inorgânicos reutilizáveis	Resíduos sólidos especiais	Resíduos sólidos totais
| Registro dos resultados quantitativos (quilogramas) da caracterização 3 anos depois					
Terça-feira	2387.07	169,8	68,65	59,65	2685.17
Quarta-feira	1720,92	173,62	15.05	120,8	2030,39
Quinta-feira	1654,9	89,5	1.05	68.06	1813.51
Sexta-feira	2148,72	128,3	41,55	30,7	2349.27
Sábado	2.154.166	187,85	22,9	136.08	2.500.996
Domingo	1766,54	45,62	19h55	21h75	1853,46
Segunda-feira	2.815,49	63,82	29.23	22.4	2.930,94
Total (kg)	**14647.806**	**858,51**	**197,98**	**459,44**	**16163.736**
% na composição	**90,61**	**5.31**	**1.22**	**2,86**	**100**

A Tabela 2 apresenta a quantidade de resíduos gerados semanalmente no mercado após 3 anos de implantação das atividades contempladas nos programas, gerando cerca de 16 toneladas semanais, o que comparado à capacidade inicial (40 toneladas aproximadamente) corresponde a 41,32% dos resíduos gerado naquele momento.

A Figura 3 mostra que 90,61% dos resíduos gerados na praça do mercado de São Francisco são resíduos orgânicos, resíduos inorgânicos aproveitáveis, resíduos inorgânicos não aproveitáveis e resíduos especiais representam cerca de 10%. Comparando com a caracterização da linha de base, pode-se afirmar que além da geração de resíduos ter sido minimizada em mais de 50%, o processo de separação na fonte também foi melhorado através da geração de consciência e cultura ambiental, neste Dessa forma, foi possível aproveitar grande percentual dos resíduos gerados na praça.

Figura 3. Distribuição percentual dos resíduos gerados

CONTRIBUIÇÃO PARA OS ODS E A SUSTENTABILIDADE

A agenda 2030 exige a modificação do atual modelo de produção e consumo em direção a uma economia circular, o que, com efeito, determina fazer mais com menos, com menos recursos, com menos gasto energético e gerando menos resíduos. A agenda 2030 propõe no ODS 12 garantir padrões sustentáveis de consumo e produção, no qual há uma meta expressa, a 12.5, que em seu enunciado propõe reduzir consideravelmente a geração de resíduos por meio de atividades de prevenção, redução, reciclagem e reaproveitamento aqui até 2030. , procurando controlar a exploração excessiva dos recursos naturais e mudar o atual modelo de produção e consumo para uma economia circular.

Uma boa gestão integral de resíduos envolve uma série de ações inter-relacionadas que permitem modificar ao longo do tempo a situação ambiental, sanitária, económica e social de um território. Esta gestão deve ser determinada por ações de educação ambiental, campanhas de sensibilização comunitária, separação na origem, atividades de prevenção, reutilização e reciclagem, utilização ou tratamento de acordo com as características dos resíduos e uma disposição final controlada. Portanto, é importante mudar o modelo de produção e os hábitos de consumo e incentivar ambas as estratégias através da educação e geração de consciência ambiental nas comunidades.

O trabalho com a comunidade deve ser a espinha dorsal para o desenvolvimento do plano, uma vez que só a resposta e as ações comunitárias determinarão o seu sucesso ou fracasso. As primeiras etapas da Campanha de Educação e Sensibilização Ambiental, em conjunto com instituições de ensino e entidades oficiais, são essenciais para que a comunidade possa responder às estratégias de gestão de resíduos como a separação na origem em cada local de trabalho, a reutilização e a reciclagem. Dentro deste processo, os recicladores desempenham um papel importante para recuperar resíduos que possam ser convertidos em matéria-prima e agregar-lhes valor, para devolvê-los a um ciclo produtivo numa economia circular.

Desse ponto de vista, para quais ODS você está contribuindo?

Pode-se dizer que vários destes objectivos estão a contribuir directa ou indirectamente com a formulação e implementação do Programa no mercado. Tendo em conta que os ODS são interdependentes uma vez que, se as ações forem desenvolvidas num objetivo, se refletirão noutro, deste ponto de vista pode-se dizer que se dá uma menor contribuição para os ODS: 1. Acabar com a pobreza; 2. Fome Zero; e 8. Trabalho Decente, referindo-se especificamente ao impacto que seria gerado ao poder ajudar os atuais recicladores em sua situação socioeconômica indigna e assim se envolver no ciclo produtivo. Do ponto de vista ambiental, impacta: 6. Água potável e saneamento. Em maior proporção nos ODS: 11. Tornar as cidades e os assentamentos humanos inclusivos, seguros, resilientes e sustentáveis; 12. Produção e

Consumo Sustentáveis; e 13. Ação Climática, visto que é um dos fatores que contribuem para a geração de CO2, CH4, enfim, Gases de Efeito Estufa que levam às Mudanças Climáticas.

Especificamente para o ODS 11 e ODS 12, já havia sido indicado que as metas especificamente propostas sobre resíduos indicavam que: O Objetivo 11.6 propõe, entre agora e 2030, reduzir o impacto ambiental negativo per capita das cidades, incluindo prestar especial atenção ao ar qualidade e gestão de resíduos municipais e outros. A Meta 12.5 propõe, até 2030, reduzir consideravelmente a geração de resíduos por meio de atividades de prevenção, redução, reciclagem e reutilização. Deste ponto de vista a contribuição é completa, reduzindo o impacto na qualidade do ar através da redução da geração de gases de efeito estufa e estabelecendo, através de estratégias de educação ambiental, ações de prevenção, redução, reciclagem e reutilização com resultados evidentes no caso específico do San Praça do Mercado de Francisco, melhorando a qualidade de vida da população da área de influência do empreendimento.

DISCUSSÃO E CONCLUSÕES

Apesar de todos os esforços iniciados a nível mundial em termos de reciclagem e utilização responsável dos recursos, as questões da gestão de resíduos urbanos, juntamente com as alterações climáticas, ganharão peso a nível mundial. A gestão correta dos resíduos é essencial para a construção de cidades sustentáveis e habitáveis, e continua a ser um desafio para muitos países e cidades em desenvolvimento, como o nosso.

Na etapa de diagnóstico, objetivou-se identificar aspectos e informações dos usuários comerciais que levassem a determinar processos de educação ambiental, como conscientização, capacitação, mudanças de comportamento e hábitos de geração de resíduos, com os quais se concluiu que não há processo de educação ambiental não foi desenvolvido nem foi realizado qualquer processo de gestão de resíduos; É assim que a educação ambiental se estabelece como principal estratégia, para melhorar a gestão dos resíduos na praça e reduzir os impactos. Com a intervenção na praça principalmente através de ferramentas de educação ambiental, foi possível demonstrar a importância da sensibilização e criação de cultura ambiental para melhorar a qualidade ambiental e consequentemente a qualidade de vida da comunidade. Antes de iniciar o processo de conscientização e educação no mercado, nenhuma ação foi tomada para o gerenciamento adequado dos resíduos, ou seja, eles não foram reciclados, reutilizados, separados na origem e muito menos aproveitados; O aproveitamento dos resíduos especiais gerados na praça mal era gerenciado. Atualmente, o processo tem conseguido separar na fonte, apresentar adequadamente os resíduos, reaproveitar e reciclar, a tal ponto que, comparando com a caracterização da linha de base, pode-se afirmar que, além do fato de a geração de resíduos ter minimizado em mais de 50%, o processo de separação na fonte também foi melhorado através da geração de consciência e cultura ambiental, desta forma foi possível aproveitar a maior parte dos resíduos orgânicos gerados na praça, que constitui 90,6%.

Uma vez realizado o diagnóstico e intervenção da praça por meio de ferramentas pedagógicas, de fiscalização, monitoramento e controle, foi possível demonstrar a importância dos resultados dessas estratégias. A diminuição dos impactos ambientais diretos fica evidente na diminuição dos pontos críticos devido à gestão inadequada de resíduos, na diminuição da descarga de lixiviados principalmente na sala de armazenamento, portanto na diminuição de odores desagradáveis, na diminuição de pragas, roedores, insetos, urubus , etc. E a melhoria da imagem da praça que, como mais-valia, traz um aumento da produtividade económica. Em relação aos impactos indiretos, a diminuição da quantidade de resíduos que são levados ao aterro deverá definitivamente reduzir os impactos gerados sobre os recursos ambientais na área de influência do aterro. É importante continuar com o processo em busca da melhoria contínua, conseguindo gerir integralmente os resíduos gerados na praça; que buscará principalmente criar uma cultura ambiental de todos os atores que fazem parte da cadeia produtiva.

RECOMENDAÇÕES

Os resíduos sólidos orgânicos de origem vegetal gerados no mercado de São Francisco de Bucaramanga constituem uma matéria-prima potencial (aproximadamente 16 toneladas/semana) a ser submetida a um processo de transformação e valorização biológica e química que geraria benefícios econômicos, sociais e ambientais. , dado que a sua utilização permitiria a valorização de todos os resíduos que se tornaram um problema pela dificuldade da sua gestão e eliminação, sem ter em conta os elevados custos que isso acarreta. Essa alternativa deveria servir de base para que os demais setores geradores desse tipo de resíduo fossem levados em consideração, principalmente os mercados da Região Metropolitana, que produzem cerca de 220 toneladas/semana de resíduos sólidos de origem orgânica, que não seriam descartados no aterro de Carrasco.

Os avanços, tanto na aceitação gradual das normas, como na redução, reutilização, reciclagem, separação na fonte pelos cidadãos e recolha selectiva pelas empresas prestadoras do serviço de recolha, mostram o valor da sensibilização para mobilizar a inércia, criar uma cultura ambiental de posturas resistentes a posturas colaborativas. Isto é possível se forem utilizadas estratégias de educação ambiental diferenciadas, dependendo do grupo-alvo a intervir, como foi o caso dos comerciantes utilizadores do mercado de São Francisco, que exigiram e exigem conhecimento das características e avaliações de cada grupo; Ou seja, conhecer as percepções, apreciações, contexto e possíveis resistências que um grupo apresenta àquilo que deseja promover e transformar.

Finalmente, uma das principais recomendações que emergem desta análise é considerar o papel que o governo deve assumir como promotor de mudança na sociedade; um papel que pode levar a uma transformação gradual da impressão que a comunidade tem do seu governo e que pode estimular um argumento que conduza às soluções que qualquer governo deve procurar para os problemas ambientais que aborda; Para isso, projetos, programas e políticas exigem conhecer e reconhecer a valorização da comunidade, o importante papel que ela desempenha, ter consistência e permanência no desenvolvimento das propostas, avaliando o resultado para gerar mudanças se necessário, além de alterações administrativas e reportar periódica e frequentemente sobre as conquistas, benefícios e dificuldades com que as instituições avançam nos seus objetivos, desta forma avança-se no caminho da sustentabilidade.

REFERÊNCIAS BIBLIOGRÁFICAS

Acurio, G., Rossin, A., Paulo, T., & Francisco, Z. (2014). Diagnóstico da situação da coleta de resíduos sólidos urbanos na América Latina e no Caribe. *Croquis* , *2* (34), 130.

Aguilar Benítez, O. (2011). O processo de globalização e a atual crise financeira capitalista. *Documentos de Trabalho* , *67* , 1–18.

Arenas, JLP (2019). Bucaramanga insistirá na transformação do lixo. *Vanguarda* , 7–8. Obtido em https://www.vanguardia.com/area-metropolitana/bucaramanga/bucaramanga-invertira-en-la-transformacion-de-las-basuras-gy1652190

Baud, I., Grafakos, S., Hordijk, M., & Post, J. (2001). Qualidade de vida e alianças na gestão de resíduos sólidos. Contribuições para o desenvolvimento urbano sustentável. *Cidades* , *18* (1), 3–12. https://doi.org/10.1016/S0264-2751(00)00049-4

Bingemer, HG e Crutzen, PJ (1987). A produção de metano a partir de resíduos sólidos. *Jornal de Pesquisa Geofísica* , *92* (D2), 2181–2187. https://doi.org/10.1029/JD092iD02p02181

Camargo, Y., & Vélez, A. (2009). Emissões de biogás produzido em aterros sanitários. *II Simpósio Ibero-Americano de Engenharia de Resíduos* , (setembro de 2009), 1–12. https://doi.org/10.1128/JCM.39.2.560-563.2001

Comum, M. e Stagl, S. (2008). Introdução à economia ecológica. Em *Introdução à Economia Ecológica* .

DINAMARQUÊS. (2020). Boletim Técnico Conta ambiental e econômica dos fluxos de materiais – resíduos sólidos. *Dane* , 1–19. Obtido em https://www.dane.gov.co/files/investigaciones/pib/ambientales/cuentas_ambientales/cuentas-residuos/Bt-Cuenta-residuos-2018p.pdf

DNP. (2008). Diretrizes e estratégias para fortalecer o serviço público de saneamento no âmbito da gestão integral de resíduos sólidos. *Conselho Nacional de Políticas Econômicas e Sociais da República da Colômbia* , *53* (9), 1689–1699. Obtido em https://colaboracion.dnp.gov.co/CDT/Conpes/Económicos/3530.pdf

DNP. (2016). Documento CONPES 3874. Política Nacional de Gestão Integral de Resíduos Sólidos. *Conselho Nacional de Política Econômica e Social da República da Colômbia Departamento Nacional de Planejamento (DNP)* , 1–73. Obtido em https://colaboracion.dnp.gov.co/CDT/Conpes/Económicos/3874.pdf

Fidlas G., A. (2012). O Projeto de Pesquisa. No *Journal of Chemical Information and Modeling* (Vol. 53). Obtido em https://drive.google.com/file/d/0ByOr72_-tQvdWkpyNG9URmNPWGh1ZWlsTkpndlVCT0ZQNjdn/view?pli=1

Franco Antolinez, LJ, Meza Joya, MA, & Almeira, JE (2018). Situação da disposição final dos resíduos sólidos na Região Metropolitana de Bucaramanga: caso do aterro El Carrasco (revisão). *AVANÇOS: Pesquisa de Engenharia* , *15* (1), 180–193. https://doi.org/10.18041/1794-4953/avances.1.4735

GONZÁLES, JA (2016). Resíduos sólidos: problema, conceitos básicos e algumas estratégias de solução. *Revista Gestão e Região* , (22), 101–119. Obtido em https://revistas.ucp.edu.co/index.php/gestionyregion/article/download/149/146

Jaramillo, J. (1999). Seminário Internacional: Gestão integral de resíduos sólidos e perigosos, século XXI. *Gestão Integral de Resíduos Sólidos Urbanos - GIRSM* , 1–20.

Kaza, S., Yao, LC, Bhada-Tata, P. e Van Woerden, F. (2018). *Que desperdício 2.0 : Um panorama global da gestão de resíduos sólidos até 2050* . Obtido em http://hdl.handle.net/10986/30317

Pinzón Uribe, LF (2013). *Influência dos aterros sanitários nas mudanças climáticas* . (Março), 1–13. Obtido em http://www.umng.edu.co/documents/10162/745277/V2N1_8.pdf

Resposta_2_Saludmedioambiente_Propo_ *51_2021.pdf* . (sd).

Review, G., & Management, SW (nd). *Uma revisão global da gestão de resíduos sólidos* .

Rojas Hernández, J. (2007). Comunidade Humana, Desenvolvimento e Biosfera. Rumo à Sustentabilidade Abrangente. *Jornal da Cátedra Unesco sobre Desenvolvimento Sustentável* , *1* , 9–27. Obtido em http://www.ehu.eus/cdsea/web/wp-content/uploads/2016/12/Revista1.pdf#page=31

SNEIDER, FP (2018). *MODELO DE SIMULAÇÃO DO IMPACTO AMBIENTAL DOS RESÍDUOS EM BUCARAMANGA E SUA ÁREA METROPOLITANA* . UNIVERSIDADE AUTÔNOMA DE BUCARAMANGA.

Super serviços. (2020). Relatório Nacional sobre Disposição Final de Resíduos Sólidos. *Superintendência de Serviços Públicos Domésticos* , 142.

Thomas-Hope, EM (1998). *Gestão de resíduos sólidos: questões críticas para os países em desenvolvimento* (1ª ed.; C. Press, Ed.). Obtido em https://books.google.com.co/books?hl=es&lr=&id=QACfDLFXzncC&oi=fnd&pg=PR7&dq =ENVIRONMENTAL+EDUCATION+for+waste+management&ots=ZdANB44Mof&sig=w L4Um2vz-K1dzykONC-gxX_ChFU&redir_esc=y#v= onepage&q=EDUCAÇÃO AMBIENTAL para gestão de resíduos&f=false

PNUMA. (2002). Perspectiva Ambiental Global 3. No *Programa das Nações Unidas para o Meio Ambiente* . Obtido em http://www.unep.org/geo/GEO3/english/pdf.htm

Vargas Buitrago, AJ (2016). *Estudo Técnico para Valorização de Resíduos Sólidos Vegetais da Praça do Mercado de São Francisco em Bucaramanga. (Estudo de caso)* . Bucaramanga.

White, KS, Ahmad, QK, Anisimov, O., Arnell, N., Brown, S., Campos, M.,... Wratt, D. (2001).

Resumo Técnico em Mudanças Climáticas 2001: Impactos, Adaptação e Vulnerabilidade. *Europa* , 19–73.

DETERMINAÇÃO DE DIFERENTES MÉTODOS DE PREPARAÇÃO DE RECIPIENTES BIODEGRADÁVEIS PARA ARMAZENAMENTO DE ALIMENTOS

Natalia Alexandra Bohorquez Toledo

Química, M.Sc. em química

Professor pesquisador do grupo de pesquisa GRIIV, lotado no programa de Engenharia Ambiental das

unidades tecnológicas do Santander

nbohorquez@correo.uts.edu.co

Carmen Lorena Marín Cordero

Tecnólogo em Recursos Ambientais

Estudantes investigadores do grupo de investigação GRIIV, afetos ao programa de Engenharia Ambiental

das unidades tecnológicas do Santander

Lizmalore3@gmail.com

Marly Yulitza Suárez Torres

Tecnólogos em Recursos Ambientais

Estudantes investigadores do grupo de investigação GRIIV, afetos ao programa de Engenharia Ambiental

das unidades tecnológicas do Santander

marlysuto0427@hotmail.com

ODS:

RESUMO

O objetivo deste capítulo foi determinar os diferentes métodos de fabricação de recipientes biodegradáveis para armazenamento de alimentos feitos com materiais de origem natural que podem ser encontrados no departamento de Santander, a fim de encontrar os materiais com maior potencial para substituir os produtos convencionais. . Para isso foram realizadas 3 etapas, a primeira em que foram identificados os diversos materiais de origem natural que poderiam ser utilizados na fabricação de recipientes para alimentos, para isso foi realizada uma revisão bibliográfica de diferentes experiências relacionadas ao tema e cada experiência foi analisada . descreveu o objetivo, a metodologia utilizada, os resultados obtidos com sua discussão e por fim as melhores condições de fabricação e as propriedades obtidas para aquele material. Por fim, foi feito um quadro resumo para revisar as propriedades dos produtos finais e um quadro comparativo dessas propriedades para reconhecer qual dos autores obteve um bom material com relação às propriedades de plásticos como poliestireno e polipropileno. A produção anual das diversas matérias-primas foi também revista para verificar a sua disponibilidade. Após todas as análises, concluiu-se que uma proposta viável seria a fabricação de um recipiente para alimentos com coroa de abacaxi e camada interna de um material composto por amido de milho e gelatina bovina.

INTRODUÇÃO

O meio ambiente é constantemente afetado por diversos fatores, entre a poluição gerada está a causada pelo uso de plásticos como o poliestireno expandido (PET), entre outros, que são utilizados como recipientes de alimentos e são utilizados apenas uma vez e são. descartado.

Segundo dados relatados, utensílios como pratos descartáveis levam entre 1.000 ou 200.000 anos para se degradar (Elnoticom, 2018) e o poliestireno usado nos conhecidos descartáveis, copos e pratos leva 50 anos para se degradar (Edacción Vida - ELTIEMPO, 2019) . A contaminação ocorre em grande parte porque materiais como o poliestireno expandido não possuem método de reciclagem (García, citado na BBC News, 2015). Segundo relatórios das Nações Unidas, considera-se que 80% de todo o lixo presente no oceano é plástico (ONU, citado na Editorial Vida – ELTIEMPO, 2019), e que cerca de 8 milhões de toneladas de plástico chegam ao mar a cada ano. ano (Elnoticom, 2018).

Dado que o problema é tão grave e vendo o impacto negativo que estes utensílios geram nos ecossistemas, o seu uso tem sido proibido em muitos lugares do mundo, incluindo países como Jamaica, Granada, Barbados, Dominica, Belize, Trinidad e Tobago, de onde Em 2020, foram proibidos plásticos descartáveis, incluindo o poliestireno expandido (Morales, 2019). Na Colômbia, no departamento de Santander, também existe a preocupação com o problema que esses materiais causam e é por isso que em municípios como La Belleza foi decretada a proibição do uso de plásticos descartáveis e poliestireno expandido em todos os contratos que o município faz com diferentes entidades (Ríos, 2020). O Governo de Santander assinou o decreto 164 de 2020, no qual é feita a mesma proibição em relação aos plásticos e poliestireno descartáveis. Esta proibição visa incentivar as pequenas e médias empresas a produzir recipientes biodegradáveis (Governo de Santander, 2020).

Como estes utensílios representam um problema de grande escala, muitos investigadores têm tentado encontrar materiais que substituam os plásticos, para que estes materiais desenvolvidos sejam amigos do ambiente. Com o potencial industrial e o problema ambiental que o poliestireno expandido e outros plásticos representam, procuramos determinar e apresentar diversas investigações em quais foram fabricados materiais que pudessem substituir os atuais para a produção de embalagens para alimentos, e que fossem fabricados com matérias-primas de origem natural presente no departamento de Santander, e assim propor o desenvolvimento de um contêiner que atenda às necessidades do mercado, o que ajudaria a reduzir a poluição ambiental no futuro.

PROBLEMA IDENTIFICADO

Há já algum tempo que os plásticos têm sido uma questão ambiental devido às implicações que têm na poluição ambiental. Entre os produtos plásticos que poluem o planeta estão produtos conhecidos como produtos de uso único, entre os quais estão recipientes para alimentos como copos, pratos e talheres descartáveis. Estes produtos são maioritariamente feitos de poliestireno, um plástico que, além de não poder ser reciclado, leva muitos anos a degradar-se (Avalos e Torres, 2018).

A maior parte dos plásticos utilizados hoje é produzida com matérias-primas de origem petroquímica e, embora a reciclagem desses produtos seja uma das opções para reduzir seu impacto ambiental, isso não elimina completamente o problema, pois há casos como o do poliestireno expandido, utilizado para fabricam copos, xícaras, pratos e recipientes para alimentos, que não podem ser reciclados devido ao seu custo e à dificuldade de coleta, movimentação e tratamento (García, 2015).

Os plásticos representam um problema tão grande que se fala em todo o mundo sobre a ilha de lixo presente no Oceano Pacífico, entre o território havaiano e a América do Norte, em diversas correntes marítimas de grande importância e que se estima ter um tamanho da Austrália e é composto por vários plásticos em termos de tipo e tamanho (Castellón, sf)

O problema destes produtos é que são amplamente utilizados e é lucrativo para a indústria continuar a fabricá-los da forma tradicional, uma vez que a economia desempenha um papel importante na fabricação de um produto. Outro fator que agrava o problema é o aumento da procura pelo uso desses produtos, pois a população cresce, o consumo cresce e a falta de educação ambiental não permite que os cidadãos percebam os graves danos que causam aos ecossistemas com o uso contínuo dos mesmos. desses produtos (Salgado e Granja, 2016).

A procura, mais do que a procura, é uma necessidade da comunidade e continuar a produzir produtos deste estilo só irá gerar um aumento da poluição, pois, mesmo que haja educação ambiental, a necessidade estará sempre presente. Por isso, como agentes de mudança, há necessidade de divulgar os avanços que a comunidade científica tem tido para resolver este problema e qual destas soluções é a mais viável para fazer a mudança para os produtos convencionais.

A população mundial continuará a aumentar e a procura de produtos como copos, pratos e bandejas para transportar alimentos também aumentará, pelo que é urgente encontrar uma solução que ajude o ambiente sem afectar as necessidades da população. Por isso, é muito conveniente nesta fase do progresso científico no que diz respeito ao assunto, qual de todas as soluções possíveis é a que apresenta maiores benefícios ou se várias delas são capazes de prestar um serviço igual ao dos plásticos convencionais. que são usados hoje em dia para fazer os produtos mencionados.

Conhecer como são fabricados, suas propriedades e identificar quais apresentam melhor desempenho para uso massificado, nos permite concentrar todos os esforços para alcançar, em algum tempo não muito distante, uma produção desses produtos que sejam economicamente viáveis, e que não poluir o meio ambiente. Além disso, com o conhecimento dos avanços no tema, a comunidade acadêmica e científica contribui com a sociedade em termos de desenvolvimento sustentável. Sabendo, por exemplo, que novas alternativas não podem necessariamente ser recicladas, mas demoram muito menos tempo no seu processo de degradação no solo e que os componentes de degradação não o afetarão (Salgado e Granja, 2016).

METODOLOGIA DE PESQUISA

O trabalho foi desenvolvido em três etapas, a seguir é descrita a metodologia utilizada em cada etapa e após esta descrição estão os resultados obtidos.

Etapa 1: Identificação de possíveis materiais de origem natural disponíveis no departamento de Santander que atendam às propriedades para fabricação de recipientes biodegradáveis para armazenamento de alimentos

Para identificar possíveis materiais biodegradáveis que atendam às condições citadas, foi realizada uma revisão bibliográfica de diferentes fontes. Para selecionar as fontes que se enquadram nos objetivos do trabalho, seguiu-se o fluxograma da Figura 1. Uma vez selecionado o material, foram descritos os objetivos, a metodologia utilizada, os resultados obtidos e a discussão dos referidos resultados. material e as melhores condições para fabricá-lo.

Figura 1. Fluxograma de seleção de pesquisas relacionadas a embalagens de alimentos confeccionadas com produtos de origem natural.

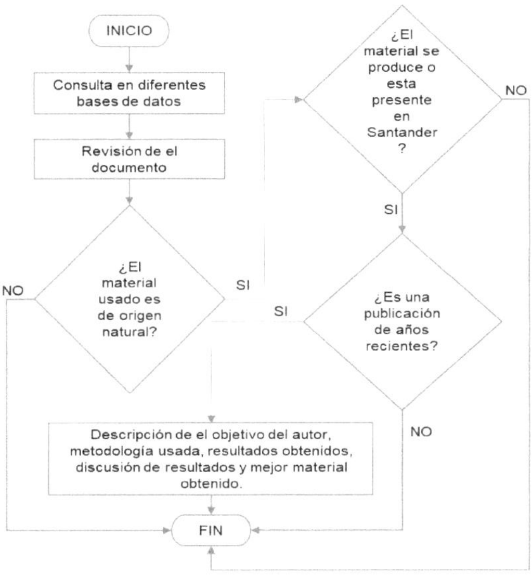

Fonte. Autor.

Uma vez coletadas todas as informações, foi feito um quadro resumo que destacou as propriedades do material escolhido por cada um dos autores como o melhor material, o método de fabricação do material, o autor da pesquisa e as principais matérias-primas utilizadas. a fabricação de cada material.

Etapa 2: Produção anual das diversas matérias-primas

Foi feita uma comparação da produção anual de diferentes matérias-primas no departamento de Santander, para ver a disponibilidade de material para gerar um produto. Isto foi realizado através de uma análise bibliográfica que permitiu identificar as quantidades anuais de matérias-primas geradas no departamento e a sua disponibilidade.

Etapa 3: Proposta de fabricação de recipiente biodegradável para armazenamento de alimentos com base nas informações analisadas.

Com as propriedades analisadas e a disponibilidade do produto, foi feita a proposta final, tendo em conta quais destas matérias-primas são produzidas no departamento em maior proporção e realizando uma análise quanto à não afetação da segurança alimentar.

RESULTADOS E DISCUSSÃO

Etapa 1: Identificação de possíveis materiais de origem natural disponíveis no departamento de Santander que atendam às propriedades para a fabricação de recipientes biodegradáveis para armazenamento de alimentos.

Ao realizar a revisão bibliográfica nas diferentes fontes de pesquisa acadêmica, foi encontrado um grande número de trabalhos nos quais foram utilizados materiais diversos, porém, foram levados em consideração apenas aqueles em que trabalhavam com matérias-primas que podem ser obtidas no mercado. departamento de Santander. Foram escolhidas referências bibliográficas que falam sobre os possíveis materiais com os quais o atual poliestireno expandido e outros materiais de origem plástica que são utilizados para conter alimentos podem ser substituídos. A Tabela 1 mostra um resumo das propriedades encontradas pelos autores e os métodos utilizados para fabricar os materiais mais ideais. Os autores que não relataram propriedades quantitativas, mas sim propriedades qualitativas, foram marcados em verde na tabela resumo.

Tabela 1.
Resumo das propriedades e processos de fabricação de diferentes materiais elaborados com produtos de origem natural

Materiais principais	Autor(es)	Propriedades encontradas	Processo de fabricação
Folha de bananeira cozida	Iturbé, 2016	Textura áspera, boa rigidez, suporte de peso	Camadas
Folha de bananeira, carboximetilcelulos e e camada intermediária de fibra de folha de bananeira	Mayorga, Rodríguez e Martínez 2018.	Não vaza água pelo recipiente, ele não deforma, desde que seja bem tratado e suporte três caixas com 500g de alimento.	Prensagem e corte e vinco
bandana de banana	Corbella, Hernández e Laz, 2018	Resistência à tração de 8,17 N/mm^2 Percentual de alongamento de 2,98%. Módulo de Young de 3,35 N/ mm^2. Resistência à flexão de 1.005 MPa. Carga máxima de 12,02N. Tensão de flexão de 21,45% Módulo flexural de 23,40MPa	Pressionando

Material	Autor/Ano	Características	Método
Rachis, pseudocaule e casca de banana	Pérez e Ramos, 2019	Umidade: 11 -11,6% Cinza: 1 -6% pH: 7,84 – 8,74 Peso: 50,66 – 98,76 g/m^2 Densidade: 10132 – 19753 g/m^3 Espessura: 0,138 – 0,42 mm	Pressionando
Folha de bananeira seca e fécula de mandioca	López e Fajardo, 2019	Boa utilidade e fácil armazenamento	Pressionando
Amido de banana oxidado	García et al, 2011	Umidade: 9,04% Cinza: 0,29% Amido total 87,17% Amilose aparente 14,44% Viscosidade: 3113UB Transição vítrea 63,6°C	Fundição
Amido de banana oxidado e glicerol	Canáza, 2012	Mais densidade com mais glicerol e menos amido. Mais espesso quando glicerol é adicionado Alongamento: 21,28% e 27,67% Espessura: 46,61μm e 49,86μm Densidade: 2,36g/ m^3 e 2,85g/m^3	Fundição
farinha de banana	Ortega, 2016	Amido: 76,21% Amilose: 15,22 Fibra: 3,18% Resistência à deformação de 25,47N Elasticidade de 12,68 mm Permeabilidade à água de 6,89 E-10g/m*s*Pa Solubilidade: 60,02%	Fundição
Casca de banana e amido de milho	Pizá et al, 2017	Força aplicada para quebrar: baixa Tempo que leva para quebrar: 17 segundos	Fundição
Amido de casca de banana	Bejarano, 2018	Tensão máxima: 0,91MPa e 1,20MPa. Tensão de ruptura: 0,82 MPa e 0,24 MPa Módulo de Young: 0,09 e 0,37 GPa Carga Máxima: 138,67 e 249,84Kgf Alongamento: 70,74 e 20,88 mm Densidade 1,15 e 1,01 g/cm^3	Fundição e cozimento
Amido de casca de banana e colágeno de pés de frango.	Carvajal, 2019	Porcentagem de alongamento. 85,71% Área: 42,35cm^2 Força de ruptura: 5,42g/cm^2	Fundição
espiga de milho	Puello e Zabaleta, 2014	Umidade: 31,2% Cinza: 97,84% Cheiro bom Aroma: madeira Textura: áspera	Fundição e Laminação
Amido de milho	Garcia, 2015.	Resistência à tração: 0,25 MPa Espessura: 0,51 mm Boa biodegradabilidade no solo após 3 meses	Fundição
Amido de milho, gelatina bovina e antimicrobiano	Diaz, 2015	Espessura: 0,061 mm Módulo de elasticidade: 512MPa Estresse de ruptura: 24MPa Alongamento: 35% Permeabilidade ao vapor de água: 5 EXP 7 g/Pa*s*m	Termomoldagem ou fundição

		Permeabilidade ao oxigênio: 2,08 EXP $13cm^3 / (m^2 * día)$ Umidade de equilíbrio: 8,4 g de água/g de filme seco Temperatura inicial de degradação: 123,5°C	
Amido de milho, glicerol e variação de pH.	Narváez, 2016	Módulo de elasticidade: 0,59MPa Esforço Final: 2,69 Alongamento final: 0,109	Fundição
Amido de milho	García et al, 2019	Baixa resistência com tempo de pausa de 23 segundos Resistência à perfuração de 24N por 24 segundos DBO/DQO = 0,5	Extrusão
Milho, mandioca e glicerol	Muñoz, 2014	Espessura: 0,30 mm Permeabilidade ao vapor de água: 1,92 g*mm/h* m^2*KPa Solubilidade em água: 57,04% Diferença de cor: 30,64 Opacidade: 3,32 Força de perfuração: 5,24N Deformação de perfuração: 7,82% Tensão: 1,47 MPa Alongamento: 54,93% Módulo de elasticidade: 0,08	Fundição
Fibra de milho, mandioca e maracujá	Chariguamán, 2015	Espessura: 0,19 mm Solubilidade 39,88% Opacidade: 1,48 nm Deformação de perfuração: 38,98% Tensão de alongamento: 11,7% Módulo de elasticidade: 0,74MPa	Fundição
Mandioca e café cisco	Cárdenas e Medina, 2011	Boa viscosidade Facilidade de manuseio Boa resistência Facilidade de desmoldagem Resistência à fratura: 12,72Mpa Módulo de elasticidade: 1034,35MPa Porcentagem de alongamento: 3,27%	Moldado a vácuo e assado
Amido de mandioca e glicerina	Velasco et al, 2012	Morfologia interna sem separação de fases	Extrusão
Mandioca e aloe vera	Pretelar, 2018	Bom sabor, aroma, resistente e flexível. Cinza total: amostra de 0,7g/100g	Fundição e cozimento
Amido de mandioca e fibra fique	Luna, Velasco e Villada, 2009.	Esforço: 11,93 N/cm^2 Porcentagem de alongamento: 2%	Fundição
	Návia, 2011	Módulo elástico de tração: 366,66MPa. Resistência à tração de 1,75MPa. Resistência à flexão: 3,5MPa Módulo elástico de alongamento: 380,51 MPa Resistência ao impacto: 17 J/m	termocompressão
	Ayala e Villada, 2015	Tensão de ruptura de tração: 3,2 MPa Módulo elástico de tração: 784,7MPa Tensão de ruptura por flexão: 8,8MPa Módulo elástico de flexão: 791,6MPa	Termocompressão
	Navia, Ayala e	Densidade: 0,40g/cm^3 Resistência à flexão: 8,8MPa	Termocompressão

	Villada, 2015		
Amido de batata	Charro, 2015	Umidade: 9,82% Amilose: 23,52% Espessura: 0,33 mm Solubilidade em água: 25,99% Permeabilidade: 0,0946 g/h*m*MPa Força de ruptura: $7,68^{Kg}/_{cm^2}$ Alongamento na ruptura: $18,34^{Kg}/_{cm^2}$	Elenco e aquecimento
Amido de batata e glicerol	Batuani 2015	Boa maleabilidade, flexibilidade, elasticidade e resistência ao estresse. Sua dureza é aceitável.	Fundição
Amido de batata com quitosana e xantana	Alarcón e Arroyo, 2016	Espessura: 0,13 mm Força máxima de tração: 8,47N Porcentagem de alongamento: 33% Relação alongamento/tração: 3,9	Fundição
Amido de casca de batata	Meza, 2016	Tensão máxima: 1.470MPa Alongamento máximo: 16,822% Biodegradabilidade de 64,21% aos 92 dias	Fundição
Amido de batata, álcool polivinílico e glicerina.	Holguín, 2019	Porcentagem de alongamento: 4,132% Resistência à tração: 4,12 MPa Dureza D Shore: 71,2	Matriz reforçada
Amido de mandioca	Pardo e Velasco 2011	Resistência à tração: 10,485 MPa. Porcentagem de alongamento: 15,665	Fundição
Fécula de mandioca, ganso e batata doce	Espina, Cruz-Tirado e Siche, 2016	Densidade: $0,540^{g}/_{cm^3}$ Gramagem: $0,135^{g}/_{cm^2}$ Diferença de cor: 13 Dureza: 3,62g Fraturabilidade: 2,22 mm Resistência à flexão: $0,16\text{-}0,21^{N}/_{mm^2}$	Termocompressão
Fécula de mandioca, ganso e batata doce		Densidade: $0,571^{g}/_{cm^3}$ Gramagem: $0,143^{g}/_{cm^2}$ Diferença de cor: 8.27 Dureza: 3,99g Fraturabilidade: 1,62 mm Resistência à flexão: $0,135\text{-}0,175^{N}/_{mm^2}$	
reboque de coco	Quintanilha, 2010	Alto teor de celulose Boa rigidez e tenacidade Impacto resistente Baixa condutividade térmica Inodoro e resistente à umidade	Moldado
Cabo de coco e goma de arroz	Cruz et al, 2018	Boa resistência Cor bonita	Moldado e prensado
ácido polilático	Tejada et al, 2007	Resistência à tração: 40-60 MPa Módulo de tração: 3-4GPa Temperatura máxima: 50-60°C	Fermentação e polimerização

Ácido polilático e policaprolactona	Valdés, Balart e Reig, 2015.	Módulo de tração elástica. 828,21 MPa Resistência à tração: 38,95MPa Porcentagem de alongamento: 112,6%. Módulo de Young: 2327MPa Módulo elástico de flexão: 2047,1MPa Resistência à flexão: 64,8MPa Dureza D Shore: 63 Impacto Charpy: 0,268 Início da degradação: 280°C Transição vítrea: 60-62°C	Extrusão
Sapote e folhas de teca	Chacón, 2019	Espessura: 270 μm Densidade: $0,52v^g/_{cm^3}$ Peso: $154,07^g/_{cm^2}$ Absorção de água: $4,6^g/_{cm^2}$ Resistência à graxa: $3,3^g/_{cm^2}$ Rigidez da lâmina: 0,11g	Pressionando
casca de arroz	Ávalos e Torres, 2018	Boa resistência Cor bonita	Prensado e assado
coroa de abacaxi	Kroefly, Robles e Varga, 2018	Boas propriedades físicas	Moldado
Fibra Guadua e micélio Orellana	Atencio et al, 2018.	Carga máxima: 4682,41N Energia de fratura: 0,207J	Crescimento natural em mofo
Biomassa residual de cana-de-açúcar	López e Largo, 2018	Umidade: 8,1%	Termoformagem
Casca de laranja	Giraldo et al, 2018	Compressão máxima: 65Kg Impacto: 0,530 lb/pé Dureza Shore: 90,25	Moldado e assado
Geléia	Ranaldi, Roldán e Urdinola, SF	Tempo máximo de serviço: 30 minutos com temperaturas de conteúdo de 13°C, desintegra-se rapidamente a 48°C. Perde a forma original com o tempo	Fundição
Proteína de soja e montmorilonita	Echeverría, 2012	Espessura: 10μm Opacidade: 89 UA/mm Luminosidade: 1,2 Conteúdo de água: 84,4% Solubilidade: 17% Permeabilidade ao vapor de água: 3,3 g/s*m*Pa Estresse de ruptura: 8,9 MPa Deformação na ruptura: 8,6% Módulo elástico: 5,2 MPa Transição vítrea: -40,7°C	Moldagem de aquecimento

Amido de semente de amaranto	González e Tovar, 2018.	Umidade: 13,61% Cinza: 0,07% %amilose/%amilopectina: 24,15/75,85 Densidade: $1,25\,^g/_{cm^3}$ Dureza D Shore: 33,10 Esforço máximo: 2.04 Elasticidade: 2,24 MPa	Extração de amido com NaOH
Glúten de trigo	Zárate, 2011	pH=9 Boas propriedades mecânicas e térmicas	Extrusão ou termomoldagem
Resíduos cítricos	Arévalo et al, 2010.	Resistência à tração: 5,89 – 11,29 MPa. Porcentagem de alongamento: 3,02% - 5,9% Espessura: 0,09 – 0,16 mm Permeabilidade ao vapor de água: 1,61EXP -5 a 5,65EXP -5 g/ $h.\,mm^2$	Fundição
Amido de semente de manga	Ruiloba et al, 2018.	Amilose/amilopectina: 1:2 Umidade: 3,87% Boa biodegradação	Fundição
Frutas tropicais	Limache Alonso e Limache López, 2018	Consistência média e boa Eles não se deformam facilmente Boa estética Bom brilho Duração boa e média	Termocompressão
palmeiras tropicais	Limache Alonso e Limache López, 2018	Consistência muito boa Rachis muito bom Pouca fragilidade Tamanho médio Boa abundância	Termocompressão

Como pode ser observado na Tabela 1, todos os autores realizam revisões diferentes e as propriedades que cada um relata não são necessariamente as mesmas dos demais autores. Porém, observa-se uma clara tendência com relação às propriedades de tração, já que metade deles relatou pelo menos uma dessas propriedades também é visto que as propriedades de flexão são importantes, uma vez que muitas delas também relatam resultados para essas propriedades, bem como para propriedades físicas como espessura e densidade. O mesmo vale para propriedades químicas como teor de umidade, solubilidade e permeabilidade ao vapor de água. Alguns dos autores apresentam apenas propriedades qualitativas (marcadas com cor), mas a maioria apresentou produtos acabados em suas pesquisas.

Etapa 2: Produção anual das diversas matérias-primas

Todas estas plantas mencionadas são produzidas em Santander, sendo apresentadas diversas fontes de produção anual. Para a mandioca foram encontrados vários dados de produção para o ano de 2014, segundo o Ministério da Agricultura de Santander foram produzidas 110.538

toneladas (Agronet, 2014), outro dado fornecido pelo inquérito agrícola nacional de 2015, foram produzidas 517.489 toneladas de mandioca ao longo do ano. Colômbia este tubérculo, mas entre os principais produtores o departamento de Santander não é citado (DANE, 2016). Segundo documento publicado no site do ICBF, no departamento de Santander no ano de 2016 a produção foi de 118.011 toneladas (ICBF, 2016).

Em relação ao cultivo do milho, o Ministério da Agricultura reportou uma produção de 16.175 toneladas para o Santander em 2014 (Agronet, 2014), e segundo documento do ICBF do ano de 2016 a produção foi de 16.493 toneladas (ICBF, 2106), mostrando que o a variação da produção não foi muito. Para o abacaxi, o Ministério da Agricultura reportou uma produção de 218.269 toneladas em 2014 (Agronet, 2014) e para 2016, segundo dados do ICBF, a produção desta fruta foi de 378.975 toneladas (ICBF, 2016 enquanto em 2018 para o departamento de). Santander juntamente com a do norte de Santander, a produção foi de aproximadamente 374 mil toneladas (Ministério da Agricultura, 2018), apresentando um aumento em relação a 2014.

Para a batata, o inquérito agrícola nacional de 2015 constatou uma produção de 99.249 toneladas (DANE, 2017), enquanto em 2016 foi de 53.477 toneladas (ICBF, 2016), o que significa uma redução no cultivo deste tubérculo. No que diz respeito à banana, foi reportada uma produção de 130.530 toneladas em 2014 (Agronet, 2014) e em 2016 o relatório foi de 164.080 toneladas (ICBF, 2016), estes números revelam um ligeiro aumento na produção.

Em relação ao arroz, são apresentados dois dados relativos ao ano de 2016, segundo o censo arrozeiro de 2016, foram produzidas 4.438 toneladas de arroz em Santander (Finagro, 2017), mas segundo fonte do ICBF (2016), a produção foi de 7.571 toneladas. O dendezeiro teve uma produção de 181.813 toneladas em 2014 (Agronet, 2014) e 200.180 toneladas em 2016 (ICBF, 2016), aumentando a produção. Do cacau, em 2014 a produção foi de 18.826 toneladas (Agronet, 2014), em 2016 a produção aumentou para 22.384 toneladas (ICBF, 2016) e em 2019 houve um ligeiro aumento para 23.000 toneladas (Ruiz, 2019).

No que diz respeito ao trigo, foi reportada uma produção de 110 toneladas para 2016 e para o coco uma produção de 24 toneladas (ICBF, 2016), números muito pequenos que colocariam em risco a segurança alimentar da população se estes alimentos fossem utilizados para fabricar outros produtos.

Etapa 3: Proposta de fabricação de recipiente biodegradável para armazenamento de alimentos com base nas informações analisadas

Com as propriedades analisadas e a disponibilidade do produto, foi feita a proposta final. Ao utilizar um produto de origem natural para a fabricação de embalagens de alimentos, se este for um produto consumido por seres humanos, a nutrição prevalece sobre outros usos que possam ser dados ao produto. Por este motivo e tendo em conta os números de produção dos diferentes produtos em Santander, considera-se que o material mais adequado para trabalhar é a coroa do ananás, por se tratar de um resíduo agroindustrial que não põe em perigo a segurança alimentar das pessoas.

Mas propõe-se reforçar o material com um dos materiais para os quais foram relatados o Módulo de Young e a permeabilidade ao vapor de água, pois segundo Müller, González e Chiralt (2017), muitos dos produtos utilizados na fabricação de recipientes não apresentam todos os valores ideais propriedades, portanto, uma combinação de duas camadas de dois materiais diferentes com propriedades complementares pode gerar um material com condições ideais.

Nesse sentido, a proposta final consiste em fabricar um material com coroa de abacaxi segundo o método de Kroefly, Robles e Vargas (2018), inserindo uma camada intermediária do material de Díaz (2015), que utilizou amido de milho e gelatina, bovino e obteve um Módulo do Young de 512 MPa e uma permeabilidade ao vapor de água de 5 *10^-7g/Pa*s*my embora não seja o melhor módulo de Young consultado, é um bom valor. O ácido polilático, que apresentou os melhores módulos de Young, não é levado em consideração, pois é um processo longo para extrair esse material do amido, portanto os rendimentos não serão tão elevados. Também não se leva em conta a combinação de fique e mandioca, que embora tivesse um módulo de Young melhor que o material fabricado por Díaz, este estudo teve grandes avanços e o material já está patenteado.

Para preparar o material fabricado por Díaz (2015), recomenda-se o método de fundição, pois com este método a permeabilidade ao vapor de água rendeu valores mais baixos e uma vez obtidos os dois produtos, moldá-los e prensa-los com a ajuda do calor.

Desenvolver recipientes biodegradáveis para armazenamento de alimentos, em substituição a materiais convencionais como poliestireno e polipropileno, contribui diretamente para a sustentabilidade ambiental em sua relação com os seguintes objetivos de desenvolvimento sustentável: *Objetivo 6: Água potável e saneamento, Objetivo 12: Produção e consumo responsáveis, Objetivo 14: Vida subaquática e Objetivo 15: Vida em ecossistemas terrestres.*

Cada um desses objetivos possui metas específicas e a possibilidade de substituir esses materiais convencionais permitiria a redução na geração de resíduos de uso único, que acabam sendo descartados em aterros sanitários ou como resíduos que afetam diretamente os recursos hídricos como córregos, rios , nos oceanos ou em terra, o que gera impactos adversos à saúde humana e ao meio ambiente. O objectivo é proteger e restaurar os ecossistemas relacionados com a água, incluindo florestas, montanhas, zonas húmidas, rios, aquíferos e lagos, bem como reduzir significativamente a geração de resíduos através de actividades de prevenção, redução, reciclagem e reutilização, o que reduziria a degradação dos recursos naturais. habitats, impedir a perda de diversidade biológica e proteger espécies ameaçadas e prevenir a sua extinção.

Com a proposta de fabricar recipientes para alimentos a partir do aproveitamento de resíduos, gera-se o desenvolvimento de uma oportunidade de negócio não reconhecida, a partir da qual contribui para a gestão sustentável do meio ambiente e proporciona oportunidades de emprego que permitem contribuir para a cadeia de valor do recurso natural. usado. Para o setor empresarial ou comercial, este tipo de produção é uma oportunidade para melhorar a sua imagem social, depois de projetar o compromisso com a componente ambiental e se apropriar de soluções que amenizem o problema dos resíduos sólidos, além de adotar práticas sustentáveis que permitam a produção e o consumo. . responsável.

CONCLUSÕES E RECOMENDAÇÕES

Em Santander existe uma grande variedade de produtos de origem natural como milho, mandioca, batata, abacaxi, manga, sapote, cana-de-açúcar e produção de gado e aves, entre outros, com os quais podem ser fabricados recipientes para alimentos que substituem os que existem atualmente uma vez que estes são de degradação lenta e altamente poluentes. Todos os produtos desenvolvidos pelos autores consultados são biodegradáveis e representam, a médio e longo prazo, uma solução real para o problema gerado pelo poliestireno expandido e outros plásticos utilizados na contenção de alimentos.

Muitas propriedades podem ser avaliadas para um recipiente para alimentos, mas entre as mais importantes para o seu funcionamento estão as propriedades mecânicas como resistência à tração, módulo de Young, porcentagem de alongamento, resistência à flexão, suporte máximo de carga e dureza. Também propriedades químicas como permeabilidade ao vapor de água, solubilidade, temperatura de transição vítrea e temperatura de início de degradação, pois são elas que indicam o quão funcional o material fabricado pode se tornar. Quanto aos processos de fabricação de embalagens, eles são diversos, mas os mais notáveis são o *método de fundição ou moldagem,* moldagem com pressão e calor ou termoformação, e o processo de extrusão.

O abacaxi, como um dos produtos carro-chefe do Santander, representa uma alternativa para a produção de embalagens biodegradáveis para alimentos, desde a sua coroa, que normalmente é desperdiçada. Este pode ser combinado com outros materiais como amido de milho e gelatina bovina para obter um material com melhores propriedades e que no futuro será uma solução para o problema das embalagens alimentares descartáveis. E é a opção mais viável tendo em conta que as restantes matérias-primas não colocam em risco a segurança alimentar das pessoas.

REFERÊNCIAS

Agronet. (2014). Santander. Principais Culturas por Área Plantada em 2014. Obtido em: http://www.agronet.gov.co/Documents/Santander.pdf

Alarcón, H. e Arroyo, E. (2016). Revista Soc Quim Peru. Avaliação das propriedades químicas e mecânicas de biopolímeros de fécula de batata modificada, 82(3). [315-323]. Obtido em: http://www.scielo.org.pe/pdf/rsqp/v82n3/a07v82n3.pdf

Arévalo, K., Alemán, M., Rojas, M. e Morales, L. (2010). Revista Latino-Americana de Biotecnologia Ambiental Algal. Filmes biodegradáveis provenientes de resíduos cítricos: proposta de embalagem ativa 1(2). [124 – 134]. Obtido em: https://www.virtualpro.co/biblioteca/peliculas-biodegradables-a-partir-de-residuos-de-citricos-propuesta-de-empaques-activos

Atencio, V., Gallego, L., Torreblanca, D. e Zuleta, A. (2018). Obtenção de um material compósito de origem natural. (Trabalho de Pós-Graduação, Universidade Pontifícia Bolivariana). Obtido em: https://repository.upb.edu.co/handle/20.500.11912/4265

Avalos, A. e Torres, I. (2018). Modelo de negócio para produção e comercialização de embalagens biodegradáveis à base de casca de arroz. (Trabalho de pós-graduação, Universidade de Piura). Obtido em https://pirhua.udep.edu.pe/handle/11042/3459

Ayala, A. e Villada, H. (2015). Biotecnologia no setor agrícola e agroindustrial. efeito da gelatinização da farinha de mandioca nas propriedades mecânicas de bioplásticos, 13(1). [38-44]. Obtido em: https://www.researchgate.net/publication/283635858_Efecto_de_la_gelatinizacion_de_la_hari na_de_yuca_sobre_las_propiedades_mecanicas_de_bioplasticos/link/58a5cb70aca27206d9 8f5dae/download

Batuani, R. (2015). Estudo da obtenção de plásticos biodegradáveis a partir de fécula de batata pela adição de agentes plastificantes. (Tese de pós-graduação, Universidade Mayor de San Andrés). Recuperado de: https://repositorio.umsa.bo/handle/123456789/9295

Bejarano, N. (2018). Estudo das propriedades mecânicas de um biopolímero baseado no teor de amido da casca de banana. (Tese de graduação, Universidade Nacional de San Agustín de Arequipa). Obtido em: http://bibliotecas.unsa.edu.pe/bitstream/handle/UNSA/7578/MTbemanl.pdf?sequence=3&isAll owed=y

Canaza, R. (2012). avaliação de filmes biodegradáveis obtidos a partir de amido oxidado de banana (Musa paradisiaca) variedade Inuri. (Tese de Pós-Graduação, Universidade Nacional do Altiplano). Recuperado de: http://repositorio.unap.edu.pe/handle/UNAP/3382

Cárdenas, D. e Medina, J. (2011). Composto à base de fécula de mandioca e café cisco, para produção de embalagens descartáveis para alimentos. (Tese de pós-graduação, Universidade de los Andes). Recuperado de: https://repositorio.uniandes.edu.co/handle/1992/14836

Carvajal, S. (2019). Obtenção de embalagens biodegradáveis a partir de colágeno e amido. (Trabalho de pós-graduação, Universidade das Américas). Obtido em: http://dspace.udla.edu.ec/bitstream/33000/11588/1/UDLA-EC-TIAM-2019-33.pdf

Castellón, H. (sf). Plásticos oxobiodegradáveis vs. Plásticos biodegradáveis: qual o caminho? Recuperado de http://files.udescesos.webnode.es/200000042-df18fe0252/1_HELLO_CASTELLON.pdf

Chacón, T (2019). Estudo das propriedades das folhas de teca e sapote para produção de embalagens descartáveis de alimentos. (Dissertação de mestrado, Universidade Nacional Agrária La Molina). Recuperado de: http://repositorio.lamolina.edu.pe/handle/UNALM/4189

Chariguaman, J. (2015). Caracterização de bioplástico de amido preparado pelo método casting reforçado com albedo de maracujá (maracujá edulis spp.). (Tese de Pós-Graduação, Escola Agrícola Pan-Americana, Zamorano). Obtido em: https://bdigital.zamorano.edu/bitstream/11036/4560/1/AGI-2015-014.pdf

Charro, M. (2015). Obtenção de plástico biodegradável a partir de fécula de batata. (Tese de pós-graduação, Universidade Central do Equador). Obtido em: http://www.dspace.uce.edu.ec/handle/25000/3788

Corbella, C., Hernández, M. e Laz, M. (2018). ECOPLATAS. Pratos descartáveis feitos de resíduos vegetais. (Tese de graduação, Universidade de La Laguna). Recuperado de: https://riull.ull.es/xmlui/handle/915/10258

Cruz, J., Cueva, F., García, M., Gudiel, A. e Sigüenza, Y. (2018). Projeto de uma planta de produção para obtenção de pratos biodegradáveis à base de estopa de coco na província de Piura. (Trabalho de pós-graduação. Universidade de Piura). Obtido em: https://pirhua.udep.edu.pe/bitstream/handle/11042/3838/PYT_Informe_Final_Proyecto_PLAT OSBIODEGRADABLES.pdf?sequence=1&isAllowed=y

DINAMARQUÊS. (2016). O cultivo da mandioca (Manihot sculenta Crantz). Obtido em: https://www.dane.gov.co/files/investigaciones/agropecuario/sipsa/Bol_Insumos_abr_2016.pdf

DINAMARQUÊS. (2017). O cultivo da batata (Solanum tuberosum L.) e um estudo de caso dos custos de produção da batata Pastusa Suprema. Obtido em: https://www.dane.gov.co/files/investigaciones/agropecuario/sipsa/Bol_Insumos_ene_2017.pdf

Díaz, R. (2015). Filmes antimicrobianos biodegradáveis à base de amido e gelatina. (Dissertação de mestrado, Universidade Politécnica de Valência). Recuperado de: https://riunet.upv.es/bitstream/handle/10251/56543/D%c3%8dAZ%20-%20FILMS%20BIODEGRADABLES%20ANTIMICROBIANOS%20A%20BASE%20DE%20AL MID%c3%93N%20Y% 20GELATINA.pdf?sequence=2&isAllowed=y

Echeverría, I. (2012). Materiais biodegradáveis à base de proteínas de soja e montmorilonitas. (Tese de doutorado, Universidade Nacional de La Plata). Obtido em: http://sedici.unlp.edu.ar/handle/10915/18534

Elnoticom (17 de abril de 2018). Adeus aos pratos de plástico, na Colômbia fazem-se com folhas de bananeira. Recuperado de: https://elnoti.com/adios-los-platos-plasticos-colombia-los-fabrican-hojas-platano/

Espina, M., Cruz Tirado, JP e Slche, R. (2016). Ciência Agropecuária. Propriedades mecânicas de bandejas confeccionadas com amido de espécies vegetais nativas e fibras provenientes de resíduos agroindustriais 7(2). [133-143]. Obtido em: http://www.scielo.org.pe/scielo.php?pid=S2077-99172016000200006&script=sci_abstract

Finagro. (2017). Arroz – Irrigação. Quadro de Referência Agroeconômico. Obtido em: https://www.finagro.com.co/sites/default/files/node/basic-page/files/arroz_riego.pdf

Garcia, AV (2015). Obtenção de um polímero biodegradável a partir de amido de milho. (Trabalho de Pós-Graduação, Escola Especializada de Engenharia ITCA–FEPADE). Obtido em https://www.itca.edu.sv/wp-content/themes/elaniin-itca/docs/2015-Obtencion-de-un-polimero-biodegradable.pdf

García, Y., Zamudio, P., Bello, L., Romero, C. e Solorza, J. (2011). Revista Ibero-Americana de Polímeros. Oxidação do amido de banana nativa para seu potencial uso na fabricação de materiais de embalagens biodegradáveis: caracterização física, química, térmica e morfológica, 12(3). [125 -135]. Obtido em: https://www.virtualpro.co/biblioteca/oxidacion-delalmidon-nativo-de-platano-para-su-uso-potential-en-la-fabricacion-de-materiales-de-empaque-biodegradáveis -caracterização físico-química-térmica-morfológica

García, L., García, A., Olaya, P., Rosas, G. e Vignolo, D. (2019). Projeto do processo produtivo de bandejas biodegradáveis a partir de amido de milho. (Tese de graduação, Universidade de Piura). Obtido em: https://pirhua.udep.edu.pe/bitstream/handle/11042/4276/f15f56df2c6ce4fa6b1beb82a733aca ee5e1247a3a2fc682d78384751f8c7955.pdf?sequence=1&isAllowed=y

Giraldo, L., González, G., Ochoa, M. e Tello, E. (2018). Desenvolvimento de embalagens sustentáveis utilizando laranja como matéria-prima. (Tese de Pós-Graduação, Universidade Pontifícia Bolivariana). Obtido em: https://repository.upb.edu.co/handle/20.500.11912/4215

González, J. e Tovar, M. (2018). Desenvolvimento de um polímero biodegradável a partir do amido de semente de ataco, Amaranthus quitensis L. (Tese de doutorado, Universidad Nacional Mayor de San Marcos). Obtido em: http://cybertesis.unmsm.edu.pe/handle/cybertesis/9535

Governo Santander. (6 de março de 2020). O Governo Sempre Santander decretou a proibição do uso de plástico e isopor. Obtido em: http://www.santander.gov.co/index.php/actualidad/item/4652-gobierno-de-siempre-santander-decreto-la-prohibicion-del-uso-de-plastico-e-icopor

Holguín, J. (2019). Obtenção de bioplástico a partir de fécula de batata. (Tese de Pós-Graduação, Fundação Universidad de América). Obtido em: http://repository.uamerica.edu.co/bitstream/20.500.11839/7388/1/6132181-2019-1-IQ.pdf

ICBF. (2016). Departamento de Santander. produção agrícola em toneladas/ano. Obtido em: https://www.icbf.gov.co/sites/default/files/oferta_agricola_-santander_2016.pdf

Iturbe, A. (2016). Recipiente descartável de folhas de bananeira. (Dissertação de mestrado, Universidade Panamericana). Obtido em: https://tesis.gdl.up.mx/100796.pdf

Kroefly, A., Robles, B. e Vargas, E. (2018). Expolbero Outono. Protótipo de prato descartável biodegradável feito a partir da coroa do abacaxi (Ananas comosus). [1-3]. Recuperado de: https://repositorio.iberopuebla.mx/handle/20.500.11777/4113

Limache Alonzo, A., & Limache López, AM (2018). Impacto das palmeiras tropicais na obtenção de pratos ecológicos. Recuperado de: http://repositorio.unu.edu.pe/handle/UNU/4155

Limache Alonzo, A., & Limache López, AM (2018). Pratos ecológicos elaborados com folhas de 10 espécies de árvores frutíferas tropicais. Recuperado de: http://repositorio.unu.edu.pe/handle/UNU/4156

López, BI e Fajardo, JL (2019). Projeto de embalagens biodegradáveis para transporte de alimentos. (Trabalho de pós-graduação, Universidade de Azuay). Obtido em http://dspace.uazuay.edu.ec/handle/datos/9182

López, S. e Largo, J. (2018). Verde Verde – engenharia ambiental aplicada à produção e comercialização de descartáveis biodegradáveis. (Trabalho de pós-graduação, Universidade Autônoma do Oeste). Obtido em: http://red.uao.edu.co:8080/bitstream/10614/10614/5/T08280.pdf

Luna, G., Villada, H. e Velasco, R. (2009). Dina. Fécula de mandioca termoplástica reforçada com fibra fique: preliminares (76). [145-151]. Obtido em: http://www.scielo.org.co/scielo.php?script=sci_abstract&pid=S0012-73532009000300015&lng=e&nrm=iso

Mayorga, J., Rodríguez, L. e Martínez, J. (2018). Embalagem biodegradável em folha de bananeira. estudo de caso programa combo saudável - Universidade Industrial de Santander. (Tese de pós-graduação, Universidade Industrial de Santander). Obtido em: http://noesis.uis.edu.co/handle/123456789/28311

Meza, P. (2016). Preparação de bioplásticos a partir de amido residual obtido de descascadores de batata e determinação da sua biodegradabilidade a nível laboratorial. (Trabalho de pós-graduação, Universidade Nacional Agrária La Molina). Recuperado de: http://repositorio.lamolina.edu.pe/bitstream/handle/UNALM/2016/Q60-M49-T.pdf?sequence=1&isAllowed=y

Departamento da Agricultura. (2018). A produção de ananás atingiria mais de 950 mil toneladas em 2018, estima o MinAgricultura. Recuperado de: https://www.minagricultura.gov.co/noticias/Paginas/Producci%C3%B3n-de-pi%C3%B1a-llegar%C3%ADa-am%C3%A1s-950-mil-toneladas -in-2018,-calcula-MinAgriculture-.aspx

Morales, C. (1º de dezembro de 2019). Os plásticos descartáveis serão proibidos em sete países caribenhos. A FM. Obtido em: https://www.lafm.com.co/medio-ambiente/plasticos-de-un-solo-uso-seran-prohibidos-en-siete-paises-del-caribe

Munoz, J. (2014). Avaliação, caracterização e otimização de um bioplástico a partir da combinação de amido de milho, mandioca e glicerol nas suas propriedades físicas e de barreira. (Tese de Pós-Graduação, Escola Agrícola Pan-Americana, Zamorano). Obtido em: https://bdigital.zamorano.edu/bitstream/11036/3366/1/AGI-2014-T033.pdf

Narváez, MA (2016). Otimização das propriedades mecânicas de bioplásticos sintetizados a partir de amido. (Tese de pós-graduação, Universidade São Francisco de Quito). Recuperado de: http://repositorio.usfq.edu.ec/handle/23000/6299

Návia, D. (2011). Desenvolvimento de material para embalagem de alimentos a partir de farinha de mandioca e fibra de fique. (Dissertação de mestrado, Universidad del Valle). Obtido em: http://bibliotecadigital.univalle.edu.co/bitstream/10893/8845/1/TESIS%20MAESTR%C3%8DA %20Diana%20Navia.pdf

Navia, D., Ayala, A. e Villada, H. (2015). Informação tecnológica. Biocompósitos de Farinha de Mandioca obtidos por Termocompressão. Efeito das Condições do Processo 26(5) [55-62]. Recuperado de : https://scielo.conicyt.cl/pdf/infotec/v26n5/art08.pdf

Ortega, J. (2016). Estudo das propriedades físico-químicas e funcionais da farinha de banana (Musa acuminata AAA) para rejeição no desenvolvimento de filmes biodegradáveis. (Tese de graduação, Universidade Técnica de Ambato). Obtido em: https://repositorio.uta.edu.ec/bitstream/123456789/22874/1/AL599.pdf

Pardo, O. e Velasco, R. (2011). Revista Íon. Propriedades físico-químicas e mecânicas de filmes obtidos a partir de amido de mandioca nativo e oxidado, edição especial (2012). [23 – 29]. Recuperado de: https://www.virtualpro.co/biblioteca/propiedades-fisicoquimicas-y-mecanicas-de-peliculas-obtenidas-a-partir-de-almidon-nativo-y-oxidado-de-arracacha

Pizá, H., Rolando, S., Ramírez, C., Villanueva, S. e Zapata, A. (2017). Análise experimental da produção de bioplástico a partir de casca de banana para o desenho de uma linha de produção alternativa para as chifleras de Piura, Peru. (Tese de graduação, Universidade de Piura). Obtido em: https://pirhua.udep.edu.pe/bitstream/handle/11042/3224/PYT_Informe_Final_Proyecto_Biopl astico.pdf?sequence=1&isAllowed=y

Pérez, I. e Ramos, L. (2019). Aproveitamento de resíduos da musa paradisíaca (banana) para obtenção de embalagens biodegradáveis. (Trabalho de pós-graduação, Universidade Nacional José Faustino Sánchez Carrión). Recuperado de: http://repositorio.unjfsc.edu.pe/handle/UNJFSC/3503

Pretele, M. (2018). Fabricação de louças comestíveis a partir de biopolímeros de mandioca (Manihot sculenta) e aloe vera (Aloe vera). (Dissertação de Pós-Graduação, Escola Profissional de Engenharia Ambiental). Recuperado de: http://repositorio.ucv.edu.pe/handle/UCV/21091

Puello, B. e Zabaleta, L. (2014). Obtenção de um filme biodegradável a partir de espigas de milho para utilização como embalagem de alimentos, em escala laboratorial, na Universidade de San Buenaventura Cartagena. (Tese de graduação, Universidade de San Buenaventura). Obtido em: http://bibliotecadigital.usbcali.edu.co/bitstream/10819/2620/1/Obtenci%C3%B3n%20de%20una%20pel%C3%ADcula%20biodegradable_Brenda%20Puello_USBCTG_2014.pdf

Quintanilla, M. (2010). Industrialização da fibra de coco. (Tese de graduação, Universidade de El Salvador). Obtido em: http://ri.ues.edu.sv/431/1/10136579.pdf

Ranaldi, A. Roldan, M. Urdinola, D. (sf). Alimento polimérico. (Trabalho de Pós-Graduação, Universidade Pontifícia Bolivariana). Obtido em: https://repository.upb.edu.co/bitstream/handle/20.500.11912/3837/Alimento%20Polim%C3%A9rico.pdf?sequence=1

Vida Editorial (27 de março de 2019) Quanto tempo leva para o plástico se decompor? O TEMPO. Obtido em: https://www.eltiempo.com/historias-el-tiempo/cuanto-tiempo-tardan-los-plasticos-en-descomponerse-342568

Rios, J. (1º de março de 2020). La Belleza, de Santander, proíbe o uso de plástico em contratos públicos. Vanguarda Liberal. Recuperado de: https://www.vanguardia.com/santander/guanenta/la-belleza-santander-prohibe-el-uso-de-plastico-en-contratos-publicos-AN2078406

Ruiloba, I., Li, M., Quintero, R., & Correa, J. (2018). Revista de Iniciação Científica. Preparação de bioplástico a partir de amido de semente de manga, 4, 28-32. Obtido em: https://pdfs.semanticscholar.org/801b/86fd684502d3d69e67f1b81f3b44bcabc284.pdf

Ruiz, L. (1º de novembro de 2019). O Cacau de Santander continua se destacando em produção e sabor. Vanguarda Liberal. Obtido em: https://www.vanguardia.com/economia/local/cacao-de-santander-sigue-destacandose-en-produccion-y-sabor-ym1619504

Salgado, V, C. e Granja, W. (2016). Análise da promoção e possível aplicação de embalagens 100% biodegradáveis para lanches naturais. (Trabalho de pós-graduação, Universidade das Américas). Recuperado de: http://dspace.udla.edu.ec/handle/33000/5489

Tejada, C., Tejeda, LP, Tejeda, LM e Villabona, A. (2007). Tecnologia. Ácido polilático: Um plástico biodegradável feito de amido. Recuperado de: https://dialnet.unirioja.es/servlet/articulo?codigo=6382678

Velasco, R., Enríquez, M., Torres, A., Palacios, L. e Ruales, J. (2012). Biotecnologia no Setor Agrícola e Agroindustrial. Caracterização morfológica de filmes biodegradáveis de fécula de mandioca modificada, agente antimicrobiano e plastificante, 10(2). [152 - 159]. Recuperado de: https://www.virtualpro.co/biblioteca/caracterizacion-morfologica-de-peliculas-biodegradables-a-partir-de-almidon-modificado-de-yuca-agente-antimicrobiano-y-plastificante

Zárate, L. (2011). Materiais poliméricos biodegradáveis preparados por processamento termomecânico a partir de misturas de glúten/plastificante. (Tese de graduação, Universidade de Sevilha). Recuperado de: https://dialnet.unirioja.es/servlet/tesis?codigo=24079

CAPITULO 3.

ANALISIS DE VULNERABILIDAD AL CAMBIO CLIMÁTICO DESDE LAS COMUNAS DE BUCARAMANGA, COMO HERRAMIENTA PARA LA SOSTENIBILIDAD DE LA CIUDAD

ANÁLISE DA VULNERABILIDADE ÀS MUDANÇAS CLIMÁTICAS DAS COMUNAS DE BUCARAMANGA, COMO FERRAMENTA PARA A SUSTENTABILIDADE DA CIDADE

Carlos Alberto Amaya Corredor

Engenheiro Cadastral e Geodesta, Especialista em Planejamento de Educação Ambiental, Mestre em Gestão e Auditoria Ambiental, M.Sc. Desenvolvimento Sustentável e Meio Ambiente

Professor investigador do Grupo de Investigação GIECSA, vinculado ao programa de Engenharia Ambiental das Unidades Tecnológicas de Santander

camaya@correo.uts.edu.co

ODS:    

RESUMO

As alterações climáticas são a situação ambiental com maior impacto global. Desde 1994, a Convenção-Quadro das Nações Unidas sobre as Alterações Climáticas reorientou os esforços para olhar não só para as consequências, mas também para combater as causas das alterações climáticas e transmitir às comunidades iniciativas que impeçam açoes negativas para o planeta. A visão mundial centra-se hoje na formação da população em três aspectos fundamentais: adaptação às novas dinâmicas dos ecossistemas e aos novos modos de vida; mitigação dos danos e impactos gerados e educação cidadã para compreensão das mudanças ambientais. Neste contexto, este projeto centrou-se na identificação dos fatores da cidade que afetam a mitigação, adaptação e conhecimento das alterações climáticas, para que, reconhecendo a realidade, possam ser tomadas decisões para a proteção e conservação ambiental e o fortalecimento do ambiente de vida urbana. Para isso, foi feito um trabalho de reconhecimento das condições de vulnerabilidade da cidade, tendo como unidade de análise a sua divisão por comunas urbanas. Foi estabelecido um critério qualitativo de nível de vulnerabilidade, no qual identificar cada comuna ao atravessar: critérios internacionais de vulnerabilidade e condições de sensibilidade, exposição e informação, esta relação com os níveis de classificação de género de cada comuna. Constatou-se que Bucaramanga apresenta um nível médio de vulnerabilidade às mudanças climáticas, visto que em aspectos como a temperatura média da cidade é constante e possui boas áreas verdes, espaços públicos, imagem de cidade amiga e disposição dos habitantes para ajudar a melhorar o ambiente, mas apresenta dificuldades na mobilidade e na gestão de resíduos sólidos, o que deteriora significativamente o ecossistema urbano. Esta análise coincide com a abordagem do IDEAM sobre mudanças climáticas e cenários de risco na Colômbia e na perspectiva do plano departamental de mudanças climáticas, Santander 2030. O nível médio de Vulnerabilidade às Mudanças Climáticas exige o fortalecimento das ações de formação de cidadãos contra as questões ambientais, também como um maior compromisso governamental para fortalecer a cobertura natural da cidade, melhorar a gestão de resíduos sólidos e regular de forma sustentável o tráfego de veículos da cidade. Por último, apela-se ao sector empresarial para que reconheça o seu papel na gestão das acções de mitigação das alterações climáticas, após se apropriar do tema, gerando acções particulares de adaptação e formação e apoiando as autoridades públicas e a população em geral na execução de acções que contrariem as alterações climáticas. , todos esperando que, com uma melhor imagem ambiental, um maior reconhecimento social se reflita em melhores rendimentos com a comercialização dos seus produtos.

INTRODUÇÃO

A Convenção-Quadro das Nações Unidas sobre Alterações Climáticas (UNFCCC) (CMNUCC, 1994), no seu artigo 1.º, define as alterações climáticas como "alterações climáticas atribuídas directa ou indirectamente à actividade humana que altera a composição da atmosfera global e que se soma à "variabilidade climática natural observada ao longo de períodos comparáveis". períodos de tempo"

No capítulo relativo à América Central e do Sul, do quinto relatório sobre alterações climáticas, o Painel Intergovernamental sobre Alterações Climáticas (IPCC) (Magrin, 2014)documenta a importância das práticas sociais que contribuem para a gestão da adaptação às alterações climáticas, após evidenciar e procurar formas de gerir as diferentes vulnerabilidades que uma sociedade possui. A vulnerabilidade dos espaços urbanos depende da sua capacidade de integrar as condições urbanas e as condições ecológicas no espaço, para que os efeitos das alterações climáticas possam ser atenuados e geridos.

Na Europa, a maioria das cidades tem planos de adaptação muito avançados (AEMA, 2015), desenvolvendo com especial atenção elementos em torno de tempestades, inundações e ondas de calor, como principais agentes que afetam as cidades europeias devido ao fenómeno das alterações climáticas. Destacam-se os processos de Roterdão, Gante e Bolonha, nos quais trabalharam processos técnicos para demonstrar as alterações climáticas nas cidades e processos sociais para educar a população na identificação do fenómeno e na autogestão para mitigar ou adaptar-se a cenários em mudança.

Além disso, a Europa tem uma boa amostra de cidades orientadas por planos de adaptação e mitigação das alterações climáticas. Växjö (Suécia) (INI, 2016), mostra a consolidação da cidade, com uma forte componente de cobertura verde e os benefícios desta face às alterações climáticas; Copenhague (Dinamarca) (Sengupta, 2019)é apresentada como uma cidade em que as diretrizes governamentais visam estabelecer medidas de controle e mitigação das mudanças climáticas, identificando as condições endógenas da cidade; Por outro lado, Amesterdão (Holanda) (Heras, 2015), assume um compromisso multidimensional para que os seus habitantes reconvertam os seus estilos de vida, incorporando considerações de adaptação e mitigação às alterações climáticas; Em Espanha, as cidades San Sebastián (GEA21, 2017), Valência (Valencia, 2015), Múrcia (Fonfria, 2017), Barcelona (Barcelano, 2020), estão empenhadas em gerir as condições das alterações climáticas, seguindo a visão prospectiva das cidades, preservando o seu património histórico, fortalecendo as suas possibilidades de desenvolvimento e construção de infra-estruturas, incorporando certos tipos da cobertura dos verdes nas cidades e da promoção da participação dos cidadãos como elemento central da visão da cidade.

Toda a Europa é afectada pelas alterações climáticas (Breil et al., 2018), cuja forte evidência pode ser a ocorrência de grandes "ondas de calor" periódicas que afectam todas as actividades e dinâmicas urbanas, forçando a tomada de medidas de intervenção social para ajudar os habitantes a gerir e superar estes períodos climáticos inesperados.

Ao nível do continente americano, Curitiba (Brasil) (UNICC, 2017)desenvolve ferramentas de adaptação e mitigação às alterações climáticas, entre as quais se destaca o seu compromisso com a mobilidade sustentável e a recomposição e reforço da cobertura verde e das áreas verdes para usufruto dos seus habitantes; Brasília (Brasil), é uma das cidades mais jovens da América Latina, foi projetada e construída com estratégias de planejamento urbano e ordenamento territorial que contemplam o equilíbrio entre natureza, cobertura florestal, desenvolvimentos futuros e infraestrutura da cidade; Quito (Equador) (ELLA, 2013)destaca-se como uma cidade latino-americana comprometida com o desenvolvimento de estratégias de resposta às mudanças climáticas, que têm como foco combinar a redução de riscos com o desenvolvimento da capacidade institucional e maior participação dos cidadãos; para a cidade de Santiago do Chile (Chile) (Gobierno de Chile, 2017)do Plano Nacional de Adaptação às mudanças climáticas que está contemplado para a cidade pelas estratégias governamentais do país, destacando a importância da consolidação de espaços naturais e áreas verdes na cidade e a inclusão de o habitante como protagonista da adaptação e mitigação às alterações climáticas; A análise feita para Buenos Aires (Argentina) (Herrero y otros, 2018), centra-se no reconhecimento, atenção e solução de conflitos "sócio-territoriais", que a partir da visão dos habitantes alcançam a reconstrução dos territórios e consequentemente a geração de estratégias e ações de adaptação e mitigação das alterações climáticas.

No contexto Nacional, a Colômbia construiu o Plano Nacional de Adaptação às Mudanças Climáticas que garante as bases adaptadas ao território, para mitigação e adaptação a possíveis eventos e à transformação gradual que o país enfrenta. O Santander fez parte dos primeiros seis departamentos a formular o seu plano de Adaptação e Mitigação, a cidade de Bucaramanga ainda não tomou esta iniciativa.

Ao terem um Plano Nacional, as cidades tomaram iniciativas para gerir os seus incidentes de alterações climáticas. Bogotá, como capital do país, incorporou adaptação e mitigação em suas políticas (Bogota, 2015); Medellín é uma referência para a gestão urbana sustentável não só a nível nacional, mas na América, a sua gestão de espaços públicos e corredores verdes dotou-a de pontos fortes em resposta às alterações climáticas (Medellin, 2015); A cidade de Cali articulou o plano de desenvolvimento municipal com um plano de adaptação e mitigação, o que é um ponto forte para a qualidade de vida urbana de seus habitantes (Cali, 2020); As medidas de adaptação e mitigação são tomadas a partir de Barranquilla, articuladas com o plano departamental de mudanças climáticas, Atlántico 2040, que foca em ações para todo o território departamental, buscando a integralidade das ações e impactando positivamente toda a sua população (MinAmbiente & CAEM, 2016); Cidades intermediárias como Ibagué, dentro de seu plano de desenvolvimento municipal, incorporam ações de adaptação e mitigação das mudanças climáticas, em busca do bem-estar de sua população (Alcaldía de Ibague, 2016). Da mesma forma, Bucaramanga se articula dentro do plano departamental de gestão das mudanças climáticas do departamento e a partir daí orienta estratégias e ações para conseguir uma gestão do território em favor da população.

Embora o país tenha liderado esforços regionais de adaptação às alterações climáticas, ainda existem fortes lacunas na análise dos territórios urbanos. Somente a partir da estratégia regional de cidades emergentes e sustentáveis, promovida pelo Banco Interamericano de Desenvolvimento (BID), questões como as mudanças climáticas assumiram especial relevância no planejamento das cidades. A avaliação do programa de Bucaramanga, até 2015 e a sua projeção para o período de 2019, dá especial importância à componente das alterações climáticas no planeamento da cidade na sua construção sob critérios de sustentabilidade (BID, 2016), que foi valorizada e destacada como uma componente de importância da sustentabilidade da cidade. , no plano de desenvolvimento municipal 2020-2023, fazendo uma descrição especial das condições existentes na cidade de Bucaramanga.

É portanto de total importância para a gestão das alterações climáticas identificar os processos urbanos que estão relacionados e a partir dos quais podem ser catalogados os factores de risco que a configuração urbana gera, as condições climáticas que ameaçam a consolidação da vida urbana e para isso é is É fundamental identificar a estrutura da cidade para estabelecer a sua condição de vulnerabilidade, conhecendo assim os aspectos fortes ou com melhor resposta e os aspectos fracos ou mais afectados pela dinâmica das alterações climáticas. A análise desta vulnerabilidade passa fundamentalmente por reconhecer os aspectos físicos e sociais do território, entendendo que os componentes económicos são marcados pelo rumo do investimento público que a administração municipal perspectiva em cada mandato quadrienal de Presidente da Câmara.

De acordo com os dados consolidados apresentados pela CEPAL (Margulis, 2016), nas cidades podem ser identificadas variáveis como ilha de calor, aumento da frota de veículos, gestão de resíduos sólidos, diminuição de áreas verdes, formação e educação cidadã, a partir das quais se reconhecem condições que explicam a exposição. , sensibilidade e informação e capacidade de adaptação aos cenários de alterações climáticas e com os quais se pode catalogar a condição de uma cidade face às alterações climáticas. Esta análise foi aplicada na cidade de Bucaramanga, tomando como ambientes de estudo, subdivisão por comunas, zonas de subdivisão social, para focalizar administrativamente o território, a partir do qual a relação comunidade-território facilita o reconhecimento das próprias condições e do nível d cidadão compromisso de contribuir para a melhoria de toda a cidade, para que possam ser tomadas decisões de planeamento, formação e gestão territorial que contenham as alterações climáticas em favor da qualidade de vida dos habitantes.

PROBLEMA IDENTIFICADO

A CEPAL (Margulis, 2016)conseguiu administrar informações importantes sobre a vulnerabilidade das cidades latino-americanas às mudanças climáticas, apresentando assim um conjunto de variáveis a partir das quais se pode estudar a situação da cidade diante das mudanças climáticas e buscar alternativas de mitigação, mitigação e adaptação. . Apresenta considerações importantes para avançar na adaptação e mitigação das alterações climáticas, enfatizando a mitigação como um compromisso global e a adaptação como uma estratégia aplicável a nível local para reconstruir os estilos de vida das regiões e cidades.

Neste estudo, a CEPAL, em conformidade com o IPCC, analisa como os riscos globais das mudanças climáticas estão concentrados nas áreas urbanas. O stress térmico, as chuvas extremas, as inundações costeiras, os deslizamentos de terras, a poluição atmosférica, a seca e a escassez de água representam riscos nas zonas urbanas para as pessoas, os bens, as economias e os ecossistemas.

Segundo um estudo realizado pela Universidade de Manizales, através do Centro de Investigação em Ambiente e Desenvolvimento Sustentável CIMAD, sobre a situação de vulnerabilidade às alterações climáticas na região de Santanderes; Os resultados mostram que a comunidade está atenta às variações climáticas, 63,4% dos entrevistados afirmam conhecer as políticas que visam reduzir a vulnerabilidade às mudanças climáticas na sua região.

Estas políticas baseiam-se em atividades de adaptação à variabilidade das alterações climáticas, plano de gestão de riscos, campanhas de educação ambiental, plano de desenvolvimento nacional, plano de desenvolvimento departamental e plano de desenvolvimento municipal. No seguimento desta investigação, o plano abrangente de gestão territorial das alterações climáticas do departamento de Santander prevê que durante o período 2011-2040 haverá um aumento da temperatura média de até 0,9 °C e um aumento da precipitação de até 0,9 °C. para 0,54%, face aos registos médios do período de referência 1976 – 2005.

Por este motivo, o Instituto de Hidrologia, Meteorologia e Estudos Ambientais IDEAM, no âmbito da terceira comunicação nacional sobre alterações climáticas (TCN) (IDEAM l. d., 2016), realizou uma análise de vulnerabilidade para o ano 2040 assumindo que as condições de adaptação são as mesmas que as actuais baseados em 84 indicadores, onde se verifica que a ameaça se configura com maior percentual de contribuição dos componentes de: segurança alimentar (66,81%), habitat humano (10,55%) e recursos hídricos (10,24%) e o os maiores valores de ameaça são dados na componente biodiversidade (0,87%).

Como complemento às consequências das alterações climáticas em Santander, a análise da vulnerabilidade e do risco devido às alterações climáticas na Colômbia (IDEAM l. d., 2016)classifica Bucaramanga como um dos municípios com alto risco devido a este fenómeno que veio alertar o mundo. Por isso é importante analisar as condições com que o ambiente urbano da cidade pode enfrentar as condições crescentes das alterações climáticas globais e regionais. Este fenómeno afecta diariamente a população de Bumanguesa, devido às altas temperaturas, a saúde está em risco, por outro lado, os ecossistemas são afectados pelo risco de perda de espécies, as zonas férteis da cidade ficariam expostas à desertificação, o o que leva a perdas na agricultura de Santander.

A identificação dos efeitos das mudanças climáticas deve ser feita no nível mais próximo do cotidiano da cidade, para isso, revisar as condições de cada comuna da cidade de Bucaramanga é um caminho que ajuda a detalhar a cidade, com o visão dos seus habitantes, reconhecendo os seus elementos físicos urbanos e identificando os espaços verdes que compõem a cidade, para que as alterações climáticas sejam identificadas e compreendidas em cenários próximos, o que incentiva a tomada de decisões, a execução de ações e a transformação resiliente da cidade , conhecendo as suas vulnerabilidades para antecipar os riscos e ameaças que as alterações climáticas colocam no contexto global.

DESENVOLVIMENTO DO CAPÍTULO

A construção de um conceito de aproximação às condições de vulnerabilidade da cidade às mudanças climáticas foi formulada do geral para o particular, para propor melhores cenários de vida. Para isso, tomando as comunas da cidade como espaço territorial de estudo, foi reconhecido o contexto geral de critérios de ameaça e risco face às alterações climáticas nos ambientes urbanos, com os quais estabelecer as condições de vulnerabilidade, que podem ocorrer em cada comuna de a cidade e propor estratégias e ações que reduzam esta vulnerabilidade e promovam melhores capacidades de mitigação e adaptação às alterações climáticas.

METODOLOGIA

O projeto de investigação centrou-se na correlação (Hernandez y otros, 2014), no âmbito da qual se procura conhecer a relação que existe entre as condições e características da vida urbana e como se comportam, contribuindo ou evitando, consequências ou alterações associadas às alterações climáticas. Com as informações obtidas, foram construídas propostas de estratégias de adaptação e mitigação às mudanças climáticas, que, se aplicadas na área em estudo, ajudariam a transformar o estilo de vida dos habitantes e consequentemente a transformar a estrutura do setor urbano, fortalecendo-o frente às mudanças climáticas. efeitos que o processo global de alterações climáticas pode causar.

Para construir possíveis cenários de adaptação e mitigação, foram coletadas informações de cidades de referência em nível global, latino-americano e nacional, a partir das quais reconhecer como identificar os efeitos que as mudanças climáticas geram nos ambientes urbanos e da mesma forma documentar a adaptação e estratégias de mitigação que foram aplicadas para a sustentabilidade urbana. Esta informação permitirá aplicar possibilidades de listagem, que devem ser aperfeiçoadas na medida em que também sejam documentadas as condições que estruturaram a cidade de Bucaramanga. A relação entre as cidades e as alterações climáticas dispõe de extensa documentação para identificar estas condições de incidentes de alterações climáticas. Da CEPAL, respostas urbanas às mudanças climáticas (Sánchez, 2013); a descrição e análise da vulnerabilidade e adaptação das cidades na América

Latina (Margulis, 2016)e a análise da relação entre as alterações climáticas e a sustentabilidade urbana (Galindo y otros, 2015), bem como da Agência Europeia do Ambiente (AEA), dez casos de estudos urbanos de como a Europa se adapta às alterações climáticas (Agencia Europea de Medio Ambiente, AEMA, 2018), permitem-nos reconhecer elementos, variáveis e situações que nas cidades estão relacionadas com mudanças e efeitos derivados das alterações climáticas.

As informações foram retiradas de fontes secundárias de informação, fundamentalmente o poder público territorial: a Prefeitura Municipal de Bucaramanga, o órgão ambiental: Corporação Autônoma de Defesa do Planalto de Bucaramanga CDMB, o elo territorial da região metropolitana: Área Metropolitana de AMB de Bucaramanga e entidade privada: Sociedade de Melhoramentos Públicos de Bucaramanga; caracterizar socioeconomicamente a população e identificar ícones da cidade e infraestrutura pública, para que, com os critérios da CEPAL e da AEA, identifique os processos de vida urbana que podem estar contribuindo para as alterações e efeitos gerados pelas mudanças climáticas na área. Uma vez reconhecidas as condições da área de estudo, elas são comparadas com informações das cidades e experiências de referência, para estabelecer quais condições de ambiente urbano estão ocorrendo na cidade, comuna por comuna. Isto permite-nos centrar a análise nas características endógenas do território para potenciar a sua existência como elementos de adaptação e mitigação às alterações climáticas.

Reconhecendo a incidência das mudanças climáticas nos ambientes urbanos, é necessário ootabelecer as condições desses ambientes urbanos para responder, se opor ou superar as incidências das mudanças climáticas, isso pode ser entendido como as condições de vulnerabilidade do meio ambiente, que está relacionado a a exposição a uma ameaça, a sensibilidade a ela e a capacidade de adaptação daqueles que estão expostos. Chavarro (2013) expõe as diretrizes com as quais a ONU e o Ministério do Meio Ambiente da Colômbia orientam a descrição da vulnerabilidade às mudanças climáticas (Chavarro et al., 2013). Uma vez adequadas as condições de vulnerabilidade, foram estabelecidos quatro possíveis níveis de vulnerabilidade: alto, médio, baixo e não vulnerável; com o qual descrever os diferentes efeitos da cidade diante das mudanças climáticas.

Com o que foi identificado na CEPAL e na EEA, foram identificadas quatro variáveis físicas possíveis de analisar no ambiente urbano da cidade de Bucaramanga (a compilação indicou entre 12 e 18 variáveis na análise das cidades e do meio ambiente, mas devido às características da cidade apenas foi possível a incidência de quatro deles) : ilhas ou ondas de calor, aumento do número de veículos, gestão de resíduos sólidos, diminuição de áreas verdes.

Com a metodologia de adaptação desenvolvida por Amaya (2019), baseada na proposta de índice de cidades verdes da multinacional SIEMENS (2010), foi realizada uma análise matricial entre as condições de vulnerabilidade ambiental e as variáveis físicas selecionadas, para identificar por comunas, quais os níveis. de vulnerabilidade são gerados e, com isso, unificar as condições de vulnerabilidade da cidade, a partir das quais se concentrar na tomada de decisões prospectivas que fortaleçam a resiliência da cidade às mudanças climáticas. (Amaya y otros, 2019),(EIU, 2010)

Por fim, são propostas estratégias de intervenção, que são propostas a partir das experiências de adaptação e mitigação urbana, para que valorizem as características da área de estudo. Estas estratégias serão baseadas nas experiências das cidades (Agencia Europea de Medio Ambiente, AEMA, 2018), (Galindo y otros, 2015) (Breil et al., 2018)que mostram resultados de adaptação e mitigação e que são possíveis de serem aplicadas proativamente na área de estudo, procurar-se-á que a intervenção na infraestrutura urbana da cidade seja mínima, para reduzir os custos associados com estes processos e centrar as ações nos habitantes e na reconstrução sustentável dos seus costumes e dinâmicas de vida.

Para abranger toda a cidade, do Grupo de Investigação em Ecossistemas e Serviços Ambientais GIECSA, do programa de Engenharia Ambiental das Unidades Tecnológicas de Santander, trabalhámos com alunos do último semestre, com condições reunidas para avançar no seu projecto de licenciatura, para analisar o cidade de Bucaramanga, diante das mudanças climáticas, segundo sua divisão por comunas urbano-administrativas, para as quais foram determinados 15 grupos de trabalho que permitiriam passeios detalhados e segmentação de cada comuna da cidade. Os relatórios de graduação de cada um desses 15 grupos de trabalho permitiram consolidar as informações sobre a cidade posteriormente, do grupo de pesquisa, para unificar os critérios de análise das condições, variáveis físicas urbanas e níveis de vulnerabilidade.

A partir dos documentos de base foram estabelecidos os elementos a partir dos quais se descrevem as condições urbanas e a sua relação com as alterações climáticas.

Tomando como referência inicial a abordagem do IPCC e as diretrizes da CEPAL, na área urbana, equipamentos coletivos, espaços públicos, habitação e habitat, mobilidade, estradas e transportes, patrimônio cultural, serviços públicos domiciliares, gestão e destinação de resíduos sólidos e aumento de nível do mar, são características que permitem identificar e monitorizar as alterações climáticas.

O habitante é quem determina a organização do território, por isso a composição social dos espaços urbanos constitui aspectos da cidade que mostram as mudanças climáticas como condição de desenvolvimento e, ainda, como elemento presente nas análises da sustentabilidade. desenvolvimento que deve orientar as cidades na construção de qualidade de vida para seus habitantes. Aqui são destacados aspectos como a capacidade de adaptação e recuperação das comunidades, a importância da integração de género e os aspectos associados aos processos socioambientais presentes na incidência das alterações climáticas em ambientes urbanos. (Novillo y otros, 2018).

É dada especial importância à necessidade de trabalhar nas cidades os aspectos da educação cidadã, do conhecimento da questão das alterações climáticas no quotidiano dos habitantes, da integração da comunidade na tomada de decisões e dos mecanismos que fortalecem o conhecimento das alterações climáticas como uma condição das condições da cidade. No caso particular da cidade da Colômbia, enfatizam a importância de evidenciar as alterações climáticas em todos os aspectos da construção da cidade, para demonstrá-las não apenas associadas às condições económicas, mas a todas as condições que influenciam a qualidade de vida urbana.

Os espaços urbanos do continente americano têm sido orientados nestas linhas de interpretação. As cidades do continente apresentam aspectos semelhantes, a configuração física do espaço, em que sua distribuição é reconhecida a partir de um centro histórico, religioso e administrativo, de onde o disponível. o espaço estava povoado. (Galindo y otros, 2015). Nesta configuração, as cidades, variáveis como infraestrutura habitacional e espaço urbano, apresentam idade semelhante e diminuição do verde à medida que a cidade se condensa em seu centro original, para ter novos espaços em sua periferia com áreas verdes limitadas a espaços de mobilidade pública . A cobertura dos serviços públicos atinge mais de 95% das cidades e a gestão de resíduos sólidos é uma questão conflitante em todos os documentos tomados como fonte, embora experiências como a brasileira (Niemeyer & Costa, 2018)mostrem melhorias significativas e esforços como os da Cidade do México (Delgado y otros, 2015)tenham alcançado mostram progresso , a tendência é geral na América.

Por sua vez, a AEMA consolidou uma lista clara dos elementos que devem ser retirados de um espaço urbano, para a gestão das alterações climáticas (Agencia Europea de Medio Ambiente, AEMA, 2018), classificando os sectores em: agricultura, biodiversidade, edifícios, zonas costeiras, redução do risco de desastres, energia, silvicultura, finanças, saúde, transporte urbano e gestão de recursos hídricos; e com estes sectores foram identificados impactos que afectam, transformam e deterioram a vida urbana: temperaturas extremas ou ondas de calor, inundações, subida do nível do mar, tempestades, escassez de água e secas. Ao rever esta classificação de setores e impactos, nas características das cidades europeias, conseguem construir cenários interpretativos que reconhecem os pontos fortes e fracos das experiências quando procuram minimizar a vulnerabilidade das cidades às alterações climáticas.

Dado que a análise de vulnerabilidade foi realizada na cidade de Bucaramanga, a sua posição e configuração geográfica condicionaram a lista de variáveis, características ou setores identificados. Dos aspectos que a Prefeitura Municipal destaca sobre o território, localizado nos Andes colombianos, Bucaramanga está localizada em um terraço inclinado da Cordilheira Oriental, seus solos podem ser divididos em dois grupos: o primeiro, não apresentando perigo de erosão, são propício ao cultivo de uma grande variedade de produtos e utilização na pecuária. O outro tipo de solo apresenta alto potencial erosivo; Por isso possui baixa fertilidade e camada superficial de fertilidade, em algumas situações quase nula, a área municipal é de 165 quilômetros quadrados, sua altura acima do nível do mar é de 959m e seus pisos térmicos estão distribuídos em: quente 55 quilômetros quadrados: médio 100 quilômetros quadrados e frios 10 quilômetros quadrados. Sua temperatura média é de 23°C e sua precipitação média anual é de 1.041 mm.

A posição e configuração da cidade condicionam as variáveis e setores tomados como referência, dado que podem ser reagrupados em espaços presentes na cidade ou descontados aqueles que não se aplicam ao território estudado. Com isso, foram determinados quatro setores de análise a serem trabalhados: temperaturas extremas ou ondas de calor; estradas, mobilidade e frota automóvel, gestão de resíduos sólidos e existência de espaços públicos e zonas verdes.

Para o seu reconhecimento foi analisada a sua existência em cada comuna, catalogado o seu nível de impacto devido à exposição, sensibilidade e informação e capacidade de adaptação às alterações climáticas, com o que foi concedida uma condição de vulnerabilidade de acordo com os critérios aplicados correspondentes a um dos quatro níveis estipulados e com isso, estabelecer o nível de vulnerabilidade da comuna, para consolidar num exercício médio qualitativo, a condição ou nível de vulnerabilidade da cidade. Este processo e a sua estrutura global foram retirados do exercício modelo desenvolvido na comuna 13 da cidade (Amaya y otros, 2019).

Como critério para classificar o nível de vulnerabilidade com que um território é afetado, foram seguidos os critérios propostos pelo Índice de Cidades Verdes da multinacional SIEMENS (EIU, 2010)e adaptados por Amaya (2019) em sua proposta metodológica .

Tabela 3. Descrição dos níveis de vulnerabilidade

Níveis de vulnerabilidade	Definição
Alto	A variável deve ser intervencionada o quanto antes, pois gera prejuízo.
Metade	É necessária intervenção para fortalecer os processos e evitar deterioração significativa.
Baixo	Não há deterioração acentuada, mas devem ser tomadas medidas de controle.
Não alterado	Não é vulnerável.

Fonte: retirado de (Amaya y otros, 2019).

Os critérios de vulnerabilidade foram analisados em cada município, determinando um aspecto de reconhecimento ou existência de cada uma das quatro variáveis, de acordo com a exposição, sensibilidade e capacidade de informação e adaptação.

Tabela 4. Critérios de vulnerabilidade para a variável Temperaturas extremas ou ondas de calor

Temperaturas extremas ou ondas de calor

Níveis de vulnerabilidade	Exposição	Sensibilidade	Informação e adaptabilidade
Alto	Há registros nos últimos cinco anos de efeitos e danos, associados ao desenvolvimento urbano da cidade e devido a fortes períodos de calor, planejados ou não, climaticamente.	Há efeitos como deslocamento populacional, perda de colheitas e inutilidade de terras como resultado de altos níveis de calor, acima da média histórica da área.	A informação e o conhecimento são insuficientes, não existem estratégias claras sobre respostas a incidentes de estações quentes
Metade	O desenvolvimento construtivo da cidade modificou os níveis médios de temperatura ambiente da cidade, as alterações na umidade atmosférica e a incidência de luz solar.	Há registos de efeitos especiais na população, na época de verão, danos na pele, deterioração da cobertura, impacto na flora ou na fauna.	Há evidências de campanhas e processos de informação sobre mudanças climáticas e possíveis efeitos ou mudanças, mas não há ações em processos sobre a população.
Baixo	Nos horários históricos de verão, ocorrem níveis de temperatura mais elevados e embora exija mudanças na vida urbana, a dinâmica da cidade é mantida.	Alterações mínimas na população, nas áreas verdes ou na flora e fauna como resultado de alterações na temperatura ambiente.	Após campanhas de formação cidadã e desenvolvimento de infraestrutura pública, a população consegue compreensão e prevenção dos efeitos das mudanças climáticas
Não vulnerável	Exictom ilhas de calor, mas nem a população nem o sistema urbano em geral foram afetados.	Há aumento de temperatura mas não gera alterações na comunidade	A informação existe e todas as ações foram tomadas para mitigar o risco.

Fonte: Elaboração própria.

Tabela 5. Critérios de vulnerabilidade para as variáveis estradas, mobilidade e frota de veículos

Estradas, mobilidade e frota de veículos			
Níveis de vulnerabilidade	Exposição	Sensibilidade	Informação e adaptabilidade
Alto	Deterioração das estradas, má ventilação devido às condições de construção urbana, altos níveis de congestionamento de veículos e nível de qualidade do ar com registros de alta exposição ao CO2 automotivo e evidências médicas de efeitos na saúde humana	A qualidade do ar é fraca, a elevada concentração de poluentes identificados a partir de fontes automóveis, fontes móveis, tem elevados níveis de impacto na saúde das pessoas e na deterioração das áreas verdes.	Não existem processos de regulação do trânsito automóvel e não há evidências de organização nas estradas, proliferando o trânsito livre, impactando toda a cidade.
Metade	Altos níveis de congestionamento de veículos, com medidas regulatórias para reduzir os efeitos na população e no meio ambiente em geral	Os níveis de qualidade do ar apresentam deterioração em decorrência da identificação de medidas do sistema viário e da frota de veículos para regular o tráfego de veículos;	Embora existam campanhas de educação dos cidadãos para melhorar o comportamento dos intervenientes rodoviários, não são evidentes alterações nos eixos rodoviários e na propriedade e utilização dos veículos.
Baixo	Aplicação de regulamentos ao sistema rodoviário, fluxos rodoviários ordenados, bons níveis de qualidade do ar urbano	Os níveis de qualidade do ar são aceitáveis, baixa concentração de poluentes, boas condições de flora e fauna urbana.	O desenvolvimento das estradas melhora à medida que é renovado e o tráfego de veículos cumpre as medidas regulamentares restritivas do impacto ambiental.
Não vulnerável	O sistema viário e o tráfego de veículos não geram impactos ambientais sensíveis à população.	A qualidade do ar é satisfatória, os poluentes dissipam-se facilmente	Os eixos rodoviários promovem uma circulação rodoviária ágil e sustentável e a comunidade minimiza o seu impacto no ambiente urbano em geral.

Fonte: Elaboração própria.

Tabela 6. Critérios de vulnerabilidade para a variável gestão de resíduos sólidos

Gestão de resíduos sólidos			
Níveis de vulnerabilidade	Exposição	Sensibilidade	Informação e adaptabilidade
Alto	As epidemias ocorrem devido à proliferação de vetores e maus odores, decorrentes do acúmulo inadequado de resíduos. A má eliminação de resíduos é evidente em toda a cidade	Há uma total ausência de educação cidadã na gestão de resíduos, há elevados níveis de vetores de doenças e proliferação de fontes poluentes.	Não há processo de educação cidadã quanto à seleção e destinação de resíduos sólidos urbanos. Não existe infraestrutura urbana para eliminação e recolha temporária e a dissipação final não responde à procura.

Metade	Existem problemas de poluição em espaços públicos e zonas verdes, devido à baixa capacidade de gestão da autarquia, foram identificadas zonas com problemas de eliminação de resíduos.	Danos paisagísticos em setores específicos, com falta de gestão de resíduos, fontes de resíduos que geram vetores de doenças	Existem campanhas e investimentos governamentais para o processo de infraestrutura e gestão de resíduos, mas a resposta dos cidadãos é baixa, mantendo fontes de proliferação de resíduos e vetores de doenças.
Baixo	As autoridades aplicam campanhas permanentes e abrangentes de gestão de resíduos sólidos, tendo pequenos sectores com problemas associados os pontos de impacto para os resíduos sólidos urbanos são mínimos;	Há coordenação do governo cidadão para a destinação temporária e transporte adequado dos resíduos sólidos, controlando pontos de difícil coleta por meio de campanhas e atenção contínua.	A articulação governo-cidadão consegue a seleção, entrega e transporte organizado dos resíduos. Os pontos de contaminação permanecem, mas são intervencionados periodicamente
Não vulnerável	As rotas de coleta são eficientes, o processo de gestão de resíduos responde com eficiência em todas as etapas de coleta, transporte e descarte.	O sistema abrangente de gestão de resíduos sólidos funciona corretamente	Existe a informação e a formação necessárias ao correto funcionamento do PGIRS.

Fonte: Elaboração própria.

Tabela 7. Critérios de Vulnerabilidade de Existência para os espaços públicos variáveis e áreas verdes

Existência de espaços públicos e zonas verdes.			
Níveis de vulnerabilidade	Exposição	Sensibilidade	Informação e adaptabilidade
Alto	Não existem áreas verdes consolidadas na cidade, há indícios de deterioração de parques e áreas comuns, fauna urbana mínima ou inexistente. Não há cobertura viária urbana	Os danos ambientais deterioraram a floresta urbana ou a cobertura florestal e os parques públicos apresentam solos desnudados com existência mínima de superfícies verdes.	Não há infraestrutura urbana verde que equilibre a construção da cidade. A infraestrutura urbana não possui uma componente verde que se articule com a dinâmica da vida urbana.
Metade	Existem áreas verdes na cidade, a cobertura florestal está evidente em desenvolvimento e é necessária intervenção para a sua consolidação. Espaços públicos exigem cuidados para consolidação de árvores	Parques, áreas verdes e eixos rodoviários apresentam cobertura florestal afetada, havendo evidências de intervenções para sua recuperação e campanhas de proteção e conservação de espaços com flora e fauna urbanas.	São evidentes ações de intervenção de melhoria em parques e áreas verdes, a cobertura florestal possui medidas de proteção e conservação e a comunidade tem acesso a parques e áreas verdes, embora com baixo nível de orientação e formação
Baixo	As áreas verdes têm uma cobertura florestal significativa, os eixos viários possuem árvores de galeria, os espaços públicos são cuidados e protegidos, incentiva-se o repovoamento urbano da flora e da fauna.	Espaços públicos e áreas verdes com cobertura florestal consolidada, que necessitam de proteção e conservação permanente, são realizados processos de restauração ou revegetação, são protegidos os espaços de flora e fauna urbana.	Os parques urbanos e áreas verdes têm cobertura consolidada, a comunidade reconhece a importância da infraestrutura verde urbana e usufrui das áreas naturais como equilíbrio da vida urbana
Não vulnerável	As áreas verdes urbanas articulam-se no desenvolvimento da cidade e os eixos viários possuem cobertura florestal consolidada, a articulação da cidade com coberturas verdes é evidente e os espaços de flora e fauna urbana são respeitados.	As zonas verdes, parques públicos, eixos rodoviários, têm protecção, conservação e cuidados permanentes, a comunidade tem acesso a actividades recreativas e espaços verdes passivos e a flora e fauna urbana tem espaços delimitados e protegidos.	A cidade possui áreas verdes, parques públicos, eixos viários com componentes florestais consolidados como eixos estruturantes de sua formação onde a flora e a fauna urbana são protegidas e consolidadas. Existe uma estrutura ecológica urbana conhecida e utilizada pela comunidade.

Fonte: Elaboração própria.

Determinados os critérios de interpretação, a identificação das informações por municípios permitiu construir um cenário geral da cidade, baseado nas condições de vulnerabilidade de todo o seu território. Embora as informações não sejam homogêneas em toda a cidade, há muitos aspectos coincidentes que confirmam a identidade da cidade. É reconhecido um bom nível de identidade cidadã que busca cuidar da cidade, cobertura verde, os parques são espaços de especial reconhecimento onde a comunidade ainda vê o ponto de encontro social, o tamanho médio da cidade promove maior integridade urbana; Os serviços públicos são reconhecidos como tendo uma boa cobertura e um bom nível, a gestão de resíduos sólidos procura abranger a cidade, embora o crescimento populacional sustentado aumente a entrega de resíduos para recolha, transporte e eliminação, ninguém nega as dificuldades associadas à deposição em aterro sanitário. cidade e a necessidade de sua recomposição e relocalização; Nos resíduos sólidos, os mercados são um foco gerador que requer atenção especial para alcançar melhores condições de gestão de resíduos.

Ainda assim, existem também aspectos negativos que qualquer município identifica como problemas ambientais da cidade, os elevados níveis de congestionamento veicular, explicados pelo crescimento permanente da frota automóvel, sem renovação dos automóveis que se deterioram e pela perpetuidade dos eixos rodoviários. desde a sua construção, sem serem redimensionados aos atuais níveis populacionais e estrutura urbana de Bucaramanga; Soma-se a isso que o sistema de transporte de massa não consegue cobrir toda a cidade, portanto não cobre as necessidades de deslocamento dos moradores, gerando transporte informal, geralmente em veículos sem controle técnico em sua operação, ou o aumento de microviagens entre eles. áreas da cidade, ampliando percursos que antes do sistema eram feitos em um único meio de mobilidade.

Os principais aspectos associados às variáveis selecionadas para interpretar a vulnerabilidade às alterações climáticas são:

Temperatura ambiental

A temperatura no departamento de Santander aumentou nos últimos anos, o que por sua vez reflete uma relação direta com a deterioração dos ecossistemas, conforme afirma o Ministério do Meio Ambiente que acrescenta que o território colombiano aumentará 2,3 graus Celsius devido às mudanças climáticas. .

A cidade não apresenta alterações significativas nas estações quentes, embora seja reconhecido esse aumento de temperatura, mas isso não significa que sejam identificadas situações particulares derivadas de condições ou alterações atmosféricas. De modo geral, dados da Universidade Industrial de Santander e do IDEAM demonstram que as médias climáticas da cidade apresentam comportamentos que, embora possam gerar alterações na dinâmica de vida, não ultrapassam os parâmetros históricos.

" A precipitação total média anual é de 1303 mm. Durante o ano as chuvas se distribuem em duas estações secas e duas estações chuvosas. Os meses mais secos são dezembro, janeiro e fevereiro e, em menor grau, junho, julho e agosto. As estações chuvosas estendem-se de março a maio e de setembro a novembro. Nos meses secos do início do ano chove em torno de 10 dias/mês; Nos meses de maior pluviosidade, assim como no período seco do meio do ano, pode chover de 17 a 19 dias/mês. A temperatura média é de 22,6 °C. Ao meio-dia a temperatura média máxima ronda os 28°C. No início da manhã a temperatura mínima fica entre 18 e 19°C. O sol brilha um pouco menos de 4 horas por dia nos meses chuvosos, mas nos meses secos a insolação registra entre 5 e 6 horas por dia. A umidade relativa do ar é superior a 80% em média e em épocas de chuva atinge valores acima de 84% . (IDEAM I. d., 2015)*

Estradas, mobilidade e frota de veículos

Esta é uma questão neural de Bucaramanga, o desenvolvimento da cidade tem como limitação inefável a sua posição geológico-geográfica, a cidade foi assentada sobre um leque aluvial adjacente a um nó sísmico e delimitada por componentes ecológicos significativos: as colinas orientais, área do paramo e a bacia do Rio Frio. Devido a estas condições, a cidade deve reconstruir, repensar, realocar, redistribuir-se e este tem tido o elemento menos repotenciado, os eixos rodoviários, dado que as ruas, vielas e avenidas permanecem as mesmas há mais de 30 anos, mas até à data , a cidade quase quintuplicou sua população residente e transformou sua estrutura urbana, de grandes mansões familiares para grandes construções verticais multifamiliares.

A carga rodoviária e o tráfego motorizado identificados coincidem com aspectos expressos pela Área Metropolitana de Bucaramanga, AMB, no Plano Diretor de Mobilidade 2011-2030, dos quais se destacam aspectos como: o congestionamento de veículos como principal problema percebido pelos cidadãos. a cidade de Bucaramanga. Causado fundamentalmente por Bucaramanga ser o centro social, administrativo e comercial da região metropolitana e do departamento. A isso devemos somar os altíssimos índices de motorização da última década, e destacar a participação das motocicletas. Áreas como Centro, Cabecera, Ciudadela Real de Minas, São Francisco e La Concordia, que absorvem cerca de 40% das viagens do município (cerca de 55 mil viagens diárias), são entendidas como os principais setores residenciais e comerciais da cidade. Como dado notável, a AMB destaca que estima-se que a frota de veículos da cidade aumente anualmente em 6.250 veículos (AMB, 2011), as projeções de frota do autor estimam perto de 130 veículos por mil habitantes no ano de 2025.

Gestão de resíduos sólidos

Os Resíduos Sólidos em geral em Bucaramanga apresentam um nível de satisfação médio, no sentido de que a grande maioria da cidade possui um sistema de rotas de coleta que atendem a produção da cidade. Os prestadores de serviço atendem todos os setores e conseguem que a coleta seja transportada até o aterro de Carrasco. Nos setores com maior carga residencial como comuna capital, real de minas, mutis, ocidental, Provenza, a entrega de resíduos sólidos é organizada em pontos de entrega provisória ou porta a porta por conglomerados residenciais. Nas zonas urbanas onde não predominam os conjuntos residenciais, há maior presença de resíduos na via pública, embora sejam recolhidos regularmente pelos prestadores de serviços.

Uma componente de especial atenção são os pontos de venda da produção agrícola, até há 10 anos, nas chamadas casas de mercado do concelho, mas nos últimos cinco anos multiplicaram-se como pontos comerciais por toda a cidade. De qualquer forma, são pontos de alta produção de resíduos orgânicos, que historicamente têm sido ponto de contaminação do solo, do ar e da água e geração de vetores que afetam a saúde dos moradores próximos. Vale ressaltar que esses impactos têm sido tratados favoravelmente, principalmente as casas de mercado foram reorientadas e hoje se observam ambientes muito mais ordenados e limpos, sem a presença indiscriminada de resíduos sólidos.

Um ponto altamente negativo para a cidade é a gestão do aterro sanitário regional, o carrasco, que já atingiu sua vida útil e sua capacidade de armazenamento técnico foi preenchida. A irresponsabilidade política e a necessidade de manutenção da saúde pública forçaram os últimos dez anos. ampliar o funcionamento do carrasco, embora social e ambientalmente já devesse estar fechado e a cidade tenha avançado em sistemas modernos, técnicos e sustentáveis de aproveitamento de resíduos, deixando a disposição por enterramento, como último elemento possível e com valores mínimos a serem alocados . Essa dificuldade com o local de disposição final é uma situação que atinge toda a cidade e embora no ambiente urbano não demonstre de forma significativamente impactante, desordem nos resíduos sólidos, a ineficiência do elo final no processo de gestão enfraquece a capacidade de cidade para conter a incidência de seus resíduos sólidos diante das mudanças climáticas.

Existência de espaços públicos e zonas verdes

Uma característica histórica de Bucaramanga é a importância das áreas verdes em sua infraestrutura urbana. Nas décadas de 80 e 90 recebeu reconhecimento como cidade de parques, devido ao bom relacionamento entre os habitantes e os parques existentes;

Hoje os parques da cidade constituem o elemento verde que proporciona espaços abertos, com componentes naturais, para equilibrar o crescimento da construção urbana no território. Na grande maioria dos parques destaca-se a componente arbórea diversa, talvez o mais destacado seja o parque San Pio, na comuna principal, que se destaca pela sua sólida cobertura florestal e pela constituição de um microespaço natural dentro da dinâmica urbana. Outros parques, espalhados pelas comunas, São Francisco na comuna de São Francisco; Las Cigarras, na comuna de Real de Minas; Mutis na Comuna Mutis, La Concordia, Antonia Santos na Comuna La Concordia; García Rovira, Centenario, Santander na comuna central e outros 6 parques municipais, constituem os principais vestígios de áreas verdes, ligadas por eixos rodoviários com cobertura arbórea, contribuindo para a estrutura ecológica e a dinâmica da flora e fauna urbana, junto à floresta A área consolidada das colinas orientais da cidade e o ecossistema de encosta da escarpa ocidental do colúvio, constituem o cenário para a geração de serviços ecossistêmicos que a cidade retira diretamente de sua natureza.

Com a informação geral recolhida nos municípios, os critérios foram organizados numa matriz de análise, para estimar um nível de vulnerabilidade, no cruzamento de cada variável escolhida com os critérios determinados, seguindo os critérios descritos nas tabelas 1 a 5 acima, e. depois, por prevalência média, assumir um nível de vulnerabilidade com argumentos qualitativos para cada comuna, a partir dos quais consolidar uma média geral da cidade para o seu nível de vulnerabilidade.

Tabela 8. Vulnerabilidade por comunas, segundo a relação entre variáveis e critérios

Comunas	Critérios de Vulnerabilidade			Vulnerabilidade
	Exposição	Sensibilidade	Informação e Capacidade	
Norte	Metade	Metade	Metade	Metade
Nordeste	Metade	Metade	Metade	Metade
são Francisco	Metade	Baixo	Metade	Metade

Ocidental	Metade	Baixo	alto	Metade
García Rovira (Centro-Oriental)	Metade	Baixo	alto	Metade
La Concordia (Centro-Sul)	Metade	Baixo	alto	Metade
A Cidadela (Centro-Oeste)	Metade	Metade	Metade	Metade
Sudoeste	Metade	Metade	Metade	Metade
La Pedregosa (Sudeste)	Metade	Metade	alto	alto
Provença (sudoeste)	Metade	Metade	Metade	Metade
Comuna do Sul	Metade	Metade	alto	alto
Cabeça da planície (Leste)	Metade	Metade	Baixo	Metade
Centro Leste	Metade	Metade	alto	alto
Morrorrico (Nordeste)	Metade	Metade	Metade	Metade
Centro	Metade	Metade	Metade	Metade
Lagos Cacique (Sudeste)	Metade	Baixo	Baixo	Baixo
Mutis (ocidental)	Metade	Baixo	Baixo	Baixo

Fonte: Elaboração própria.

A análise da existência e representatividade das quatro variáveis selecionadas, contrastada com os critérios que permitem qualificar a resposta do território à incidência das alterações climáticas, permitiu identificar um nível geral em cada concelho. Com essas informações e por representatividade, identificou-se um nível geral de vulnerabilidade da cidade às mudanças climáticas, estimando-se que a cidade pode ser reconhecida como tendo um nível MÉDIO de VULNERBILIDADE após dotar as condições dos diferentes espaços analisados.

Embora Comunas como Algos del Cacique e Mutis tenham um baixo nível de vulnerabilidade, as condições particulares destas comunas não se repetem em toda a cidade, nem são as mais fortes em toda a cidade. Aspectos como a mobilidade, que em Cacique se destaca por ser majoritariamente realizada através de veículos particulares, com baixa presença de transporte pesado, tornam as condições atmosféricas mais favoráveis à saúde dos habitantes desta área, além de contar com abundantes áreas verdes, tanto público e dentro dos diferentes conjuntos residenciais, e ordem cidadã na entrega de resíduos sólidos. Por seu lado, no município de Mutis, embora haja uma maior presença de transportes públicos, em geral existem condições ágeis para a circulação da população e fluxos permanentes que favorecem a circulação de gases poluentes na zona, além da sua percurso devido à escarpa da cidade e microbacias de córregos urbanos, é uma condição favorável para manter boas condições atmosféricas, isso marca uma importante cobertura natural, embora seja afetada pela má gestão cidadã dos resíduos sólidos, embora não generalizada. mas em pontos localizados da comuna. No outro sentido, as comunidades que se revelaram de elevada vulnerabilidade, em aspectos como a mobilidade, são afectadas por uma sobrecarga veicular, entre pública e privada, elevados níveis de gases atmosféricos derivados dos automóveis, poucas áreas verdes em boas condições e proliferação de resíduos em seu ambiente.

Asumir una condición de Vulnerabilidad Media para toda la ciudad, reconoce fortalezas y debilidades de la ciudad, lo cual permite el espacio para continuar los procesos que mejoran el entorno urbano y con ello, intervenir los aspectos de dificultad que afectan negativamente la calidad de vida de a cidade.

Pelo que é apresentado pela CEPAL (Sánchez, 2013), é possível interpretar que as cidades da América Latina apresentam aspectos muito semelhantes nas suas capacidades instaladas, na sua estrutura social e na sua disponibilidade de recursos. A América Latina se destaca na área urbana por serem centros populacionais que partem de seu centro histórico e com o aumento demográfico, abrangem terrenos periféricos que gradativamente são incorporados à dinâmica urbana e se tornam novas centralidades para o crescimento permanente das cidades. Isto significa que aspectos como a mobilidade têm de ser dinâmicos para se adaptarem ao crescimento urbano. Haverá períodos de ineficiência, mas o planeamento adequado dos territórios passará por garantir que os possíveis mecanismos de mobilidade cresçam de forma adequada com a cidade. Junto com o processo de crescimento demográfico, a geração de resíduos sólidos é uma consequência inevitável. Na América Latina, num país como o Brasil, existem experiências muito bem sucedidas em que é possível minimizar os efeitos dos resíduos e, pelo contrário, convertê-lo em potencial urbano, por exemplo, a dinâmica socioeconômica em São Paulo, após alcançar processos abrangentes de bem-estar com resíduos sólidos (Margulis, 2016).

Conforme apresentado por Margulis (2016), os problemas das cidades, como os resíduos sólidos, as áreas verdes, a educação cidadã, exigem uma intervenção permanente das autoridades para apoiá-los como os principais aspectos da ajuda para minimizar os potenciais efeitos devido às mudanças climáticas. No caso de Bucaramanga, a exposição aos incidentes climáticos não pode ser modificada, se puderem ser fortalecidos os aspectos da vida urbana que não aumentam as dificuldades no controle das mudanças climáticas.

A gestão dos resíduos sólidos é uma necessidade permanente de controle, exigindo repensar desde a própria geração e seleção na fonte, aí os processos de formação cidadã devem permanecer vigentes para que o primeiro elo dos resíduos sólidos minimize a influência negativa destes no ambiente urbano. meio ambiente, a partir disso, o processo de coleta, transporte e disposição final tem que ser fortalecido com a gestão técnica dos resíduos. Bucaramanga exige que a sua gestão de resíduos incorpore novas tecnologias e seja regulamentada por fases, para promover a recuperação funcional dos resíduos e a necessidade de espaço mínimo para o confinamento do que não é aproveitável.

É necessário consolidar três fases, uma educação cidadã para a gestão na origem e na disposição final, apoiada em incentivos, mas também em sanções, que evidenciem os deveres e direitos dos cidadãos, para o claro cumprimento de aspectos como a selecção, eliminação e entrega de resíduos, aos processos de coleta e transporte. A segunda fase, coleta e transporte, deve estar sob total supervisão governamental e ser um exemplo de ação para a resposta cidadã. Esta etapa deve contemplar rotas eficientes, em percurso, tempo e tecnologias, bem como o que o cidadão mostra que o processo contribui. ao seu ambiente de vida, além de apenas remover resíduos, mas também participa de forma oportuna nas suas necessidades. A terceira fase, que não é visível ao cidadão comum, deve ser realizada em dois momentos mínimos, um, entrega da coleta inicial às estações de coleta, seleção e transferência, a partir das quais são identificados os resíduos aproveitáveis e promovida sua reincorporação nos sistemas produtivos, após qual, uma segunda fase de transporte e disposição final onde são documentados como uma carga mínima de resíduos que é descartada em espaços técnicos, o que gera destruição natural e reconversão, sem afetar o ambiente de vida associado.

Na mobilidade, as cidades da América Latina têm procurado agilizá-la através dos mecanismos dos sistemas de transporte de massa, buscando a integração multimodal das formas de mobilidade urbana, focadas na minimização de custos, impactos e tempos sociais, mantendo a conectividade das áreas de convivência com as de marketing e convivência cidadã. A abordagem dos sistemas de Transporte Massivo, promovida pelo Banco Interamericano de Desenvolvimento, através de sua estratégia Cidades Sustentáveis (BID, Banco Interamericano de Desarrollo. , 2106)é um exemplo disso, Bucaramanga desenvolveu seu sistema massivo desde 2007 e entrou em operação desde 2011 (AMB, 2011), abrangendo os principais eixos da cidade, embora nem todas as áreas da cidade, isso fez com que a mobilidade da cidade se tornasse letárgica e superlotada, a população procurava meios alternativos que lhes permitissem manter seus movimentos, embora fora do sistema de transporte coletivo e prejudicando os benefícios com que o sistema foi projetado para a cidade. Hoje, Bucaramanga geralmente tem múltiplas fontes de congestionamento de tráfego, o que gera uma alteração na qualidade do ar, dado o aumento dos gases de efeito estufa, embora não sejam permanentes ao longo do tempo, embora em algumas estações e áreas da cidade tenha havido níveis de deterioração do estado do ar, que tem impacto na saúde dos habitantes, na flora e na fauna da cidade. Com base nas ideias de Sánchez (2013), (Sánchez, 2013)a mobilidade urbana deve ser uma componente fundamental da capacidade de adaptação e mitigação das alterações climáticas nas cidades. O aumento do número de veículos é inevitável, mas deve ser gerido pelas administrações locais. medidas restritivas ou com incentivos para um melhor comportamento rodoviário. Nesse sentido, Bucaramanga, como todas as cidades da Colômbia, implementou a medida restritiva Pico y Placa, que visa reduzir, em pelo menos 40%, o número de veículos particulares em circulação por dia e deve promover o uso de transporte massivo. , infelizmente para Bucaramanga isso não se apresentou desta forma, o transporte coletivo não conseguiu ser o eixo da mobilidade urbana e as estradas tornaram-se pequenas devido à forte demanda por uma frota automobilística crescente. Además, Bucaramanga como polo de desarrollo departamental y regional, es el entorno urbano atrayente de los otros municipios metropolitanos: Floridablanca, Girón, Piedecuesta, Lebrija, son origen de un gran número de viajes vehiculares, por su vocación dormitorio, que descargan mayor parque automotor na cidade. Além do Pico e da Placa, é necessária uma reconstrução do actor rodoviário, razão pela qual é imperativa a execução de fortes campanhas de sensibilização dos cidadãos sobre o uso sustentável das vias públicas, comportamento responsável na propriedade e utilização dos veículos, tolerância na partilha do espaço público e de contribuições individuais para a regulação e melhoria do fluxo veicular na cidade. Medidas como zonas de tráfego restrito, estacionamento satélite e fluxos de congestionamento não deveriam ser necessárias em Bucaramanga, mas dado o aumento incontrolável do número de veículos, é necessária uma maior organização setorizada do tráfego de veículos e um redimensionamento do sistema de transporte de massa para seu real protagonismo na mobilidade urbana.

Uma componente significativa da resposta às alterações climáticas são os espaços verdes e áreas públicas em ambientes urbanos. Sem dúvida, a cobertura florestal nas cidades é o principal mecanismo para reduzir os incidentes de calor, a forte exposição solar, a captura e a dispersão de gases com efeito de estufa. a existência de flora e fauna e em geral, uma componente que equilibra o desenvolvimento construtivo de uma cidade, através de espaços onde o habitante entra em contacto com os elementos naturais. Tanto para a CEPLA, através de Galindo et.al (2015) (Galindo y otros, 2015)como para as experiências compiladas pela Agência Europeia do Ambiente (AEMA, 2015), a cobertura natural nas cidades é a principal componente da resposta às alterações climáticas, pelo que as administrações devem estabelecer e reforçar as medidas que mantêm os espaços naturais existentes. e promover nos novos empreendimentos urbanos a incorporação imperativa de componentes naturais, não apenas para compensação, o que normalmente é feito extraterritorialmente, mas dentro dos desenhos urbanos e distribuição dos territórios, forçando a incorporação Na cidade em crescimento, áreas verdes como elemento estrutural urbano. Os parques públicos de Bucaramanga são relíquias chave para a sustentabilidade da estrutura ecológica da cidade, as coberturas florestais neles devem ser fortalecidas, melhorar a cobertura verde e promover a existência de habitat de flora para a fauna urbana. O parque San Pio na comuna de Cabecera é o parque ecologicamente melhor consolidado em todas as comunas existem parques história e socialmente significativos, que deverão aumentar a sua ocupação devido à cobertura vegetal; Na estrutura ecológica da cidade (Bucaramanga, 2012), entre as colinas orientais e a escarpa ocidental, os parques são as ligações, mas estes dois pontos extremos são obrigados a estar ligados por corredores que promovam a mobilidade da fauna e da flora e consequentemente repovoem os espaços verdes abertos. Bucaramanga. Os principais eixos rodoviários possuem árvores consolidadas, elemento necessário à regulação térmica do ambiente urbano, mas no entanto todo o seu entorno deve ser fortalecido, não deixando a árvore sozinha, mas buscando coberturas verdes e arbustos que sejam reposicionados para consolidar. Segundo a Organização Mundial da Saúde (OMS), o índice mínimo ideal de espaço público urbano deveria ser superior a $9m^2$ por habitante. As autoridades de Bucaramanga apresentam números muito próximos a este, quando incorporam a grande extensão natural que constitui as colinas orientais, mas se estes forem descontados e considerarem apenas os espaços verdes do desenvolvimento urbano, o índice de espaço público em Bucaramanga não ultrapassa os $3,5\ m^2$ por habitante, um valor bastante baixo e que denota a necessidade imperiosa de aumentar esta proporção, face à adaptação e mitigação das alterações climáticas. Uma importante contribuição para as áreas verdes e o espaço público da cidade são as reservas naturais protegidas através da figura dos parques ecológicos, o Parque la Flora, o parque linear Quebrada La Iglesia e o parque zonal Carlos Virviezcas (Bucaramanga, 2012), devendo ser um espaço a repetir em todo o cidade, onde o desenvolvimento urbano está harmonizado com a existência de coberturas naturais atrativas de Flora, gerando sombra, consequentemente regulação climática e sumidouros de carbono, promovendo a mitigação de gases de efeito estufa.

CONTRIBUIÇÃO PARA OS ODS E A SUSTENTABILIDADE

Os objectivos de desenvolvimento sustentável, embora não sejam um mandato para o cumprimento, constituem uma visão comum para o bem-estar comum, a sua importância posiciona-se na medida em que as acções ambientais, económicas e sociais alcançam realidades mais equitativas para todos os seres vivos e para o na medida em que todos nos integramos neles e garantimos que as nossas ações estão ligadas aos objetivos.

Abre-se aqui um importante espaço de reflexão em que todos os atores sociais encontram um espaço para participar na melhoria da qualidade de vida de todos na cidade. Para o cidadão comum, ter um ambiente de vida equilibrado que lhe garanta acesso e satisfação que lhe permita cuidar de si e ser cuidado com oportunidade, para o governante, porque abre o espectro de concentrar esforços em aspectos sensíveis da comunidade, que ao mesmo tempo, buscar medidas de intervenção em uma frente pode gerar benefícios indiscriminados para todos os habitantes, além disso a irradiação do investimento público será mais facilmente evidente pelos moradores ao visualizarem a reconstrução da cidade nos aspectos dos problemas de todos. E para o empresário, que proporciona a estrutura económica que move os cidadãos, a economia, a produtividade, a rentabilidade da cidade, reconhecer as alterações climáticas abre espaço para um posicionamento social, no qual ele consegue uma dupla acção, que contribui para o comum bem-estar, mas que fortalece o suporte económico da sua actividade: em geral, tornar-se parte activa nas iniciativas de intervenção nos problemas derivados das alterações climáticas, onde a comunidade em geral identifica o agente comercial não apenas como aquele que fornece um recurso ou serviço, mas se preocupa com seu meio ambiente e busca seu bem-estar ao alcance de todos; Especificamente, e pode ser uma vertente de maior impacto, transformando gradativamente a sua atividade para evitar a geração de condições que impactem os principais problemas da cidade face às alterações climáticas, redução de resíduos sólidos, mobilidade sustentável, produtos ecológicos e ambientais educação para transformar a consciência social de seus funcionários para toda a comunidade.

Este segundo momento, embora pareça mais complicado, pode ser o mais favorável para a empresa, transformando seu sistema produtivo, reduzindo o consumo de recursos naturais, substituindo insumos impactantes e evidenciando valores ambientais em seus produtos, tem impacto significativo no comunidades; Utilizar meios de mobilidade amigáveis a todos, com emissões mínimas, silêncio e eficiência nos movimentos deixa o habitante com a impressão de uma verdadeira contribuição para o bem-estar de todos, sem parar os seus sistemas produtivos. E desenvolver um processo de formação dos colaboradores, que inclua o compromisso ambiental, torna-se um multiplicador de mensagens que conseguem estender o compromisso empresarial, para além dos limites físicos da empresa.

A CEPAL estabeleceu que "Responder ao desafio das mudanças climáticas na América Latina e no Caribe representa um esforço financeiro, econômico, social, cultural, de distribuição e de inovação, mas também oferece uma oportunidade para a região avançar em direção a um desenvolvimento mais sustentável e inclusivo. " (Bárcena y otros, 2020)com o qual assume o compromisso com a abrangência dos esforços de resposta às mudanças climáticas, além de atribuir papel de destaque ao governo e aos empresários, para se apropriarem de iniciativas, posicionarem-se socialmente e transformarem seus sistemas produtivos, liderando as comunidades na mudança de costumes e em respostas imediatas e prospectivas às alterações climáticas.

Através de múltiplos canais, a ONU expressa a dimensão das consequências das alterações climáticas, para as empresas propõe como as alterações climáticas terão um impacto direto, forçando mudanças desde as suas infraestruturas até às suas prioridades e formas de investimentos. Nesta linha, a abordagem articulada no âmbito dos ODS tem a particularidade de não ter resultados exclusivos; uma única ação pode ajudar a potenciar vários objetivos e dentro deles várias metas a alcançar. As ações focadas nas mudanças climáticas têm múltiplas repercussões e nos ODS o seu alcance apoia o bem-estar em muitos aspectos das propostas desta visão global.

As alterações climáticas afectam, entre muitos outros aspectos: a capacidade dos solos para a produção agrícola, a qualidade do ar, a disponibilidade de água para a produção pecuária e para o consumo humano, a disponibilidade de recursos para todos os sistemas produtivos, o equilíbrio dos ecossistemas terrestres, a dinâmica dos climas planetários, o desenvolvimento de cidades e infra-estruturas de todos os tipos. Pelo exposto, a vinculação das ações de adaptação e mitigação às mudanças climáticas poderia ser retirada de qualquer um dos ODS e as contribuições do projeto para os demais, mas na busca de facilitar sua aplicação, o mais adequado é focar as ações de ODS13 Ação para o Clima, para então projetar benefícios irradiados para outros ODS, fundamentalmente e através do foco deste capítulo, para o ODS11 Cidades Sustentáveis e Resilientes, também para o ODS15 Proteção dos Ecossistemas Terrestres.

A partir do ODS13, os problemas atmosféricos e climáticos passam pela alteração do efeito estufa da terra, a sua descompensação devido à emissão de gases das atividades antropogênicas, deve ser objeto de intervenção de processos ambientais, as mudanças climáticas como principal efeito, devem ser intervencionados desde formação cidadã, por meio de processos técnicos e contando com políticas e estratégias governamentais que ajudem a melhorar a qualidade de vida de todos os habitantes. A análise de vulnerabilidade dos territórios reúne informações básicas para estes processos, dado que permite identificar os aspectos em que a sociedade sofre as variações climáticas mais recentes, identificar as atividades que estão contribuindo para esta deterioração e reconhecer os focos de educação cidadã em que trabalham, transformar comportamentos que impactam a mitigação, a adaptação e melhores condições do vida.

As metas propostas no ODS13 exigem o processo de Vulnerabilidade como base de informações para a tomada de decisões.

O fortalecimento da resiliência e da capacidade de adaptação aos riscos parte do conhecimento dos fatores internos que em maior ou menor grau serão afetados pelo agente externo que as alterações climáticas se transformam. A resiliência exige processos de educação dos cidadãos para responder às situações e a capacidade de adaptação leva. a ações que permitam manter as condições de vida e não aumentar a deterioração devido ao clima. A formulação e implementação de políticas, estratégias e planos territoriais é uma ferramenta fundamental para a aceitação social das ações conducentes à gestão das alterações climáticas, uma vez que fornecem diretrizes de cumprimento legal e social a partir das quais responsabilidades e processos que proporcionam verdadeiro bem-estar para sociedade são reconhecidos. E a melhoria da educação, da sensibilização e da capacidade humana e institucional relativamente à mitigação das alterações climáticas será resultado de uma gestão integrada entre a administração e a sociedade, onde os cidadãos reconheçam nas suas ações as consequências positivas e negativas sobre as alterações climáticas e encontrem apoio nas orientações institucionais para transformar a sua processos, hábitos de vida e fortalecer espaços de convivência.

A condição de vulnerabilidade média assumida para a cidade de Bucaramanga cria espaços para processos de adaptação e mitigação com foco no desenvolvimento de aspectos incluídos no ODS13. É necessário partir de processos de educação cidadã, centrados em três vertentes: mobilidade responsável, gestão cidadã de resíduos sólidos e utilização e cuidado de áreas verdes e espaços públicos. A comunidade da cidade deve ter processos permanentes que nos lembrem da importância de atuar nessas frentes ambientais, destacando os benefícios comuns que podem ser alcançados.

Aqui o setor empresarial e produtivo da cidade é chamado a liderar processos de transformação social, em que o seu produto transmite não só a finalidade comercial para a qual foi concebido, mas também assume uma mensagem transformadora face às alterações climáticas. Para a ONU, as ações locais devem gerar benefícios globais. Nesta abordagem, os cidadãos, os empresários e o governo devem tomar ações próprias que permeiem o bem-estar de todos e que respondam aos desafios que as alterações climáticas afetam a cidade. Para Juan Carlos Moreno Brid da CEPAL (2020), o setor empresarial pode ter grandes benefícios se assumir a liderança diante das mudanças climáticas, estimativas para a América Latina apostam que o custo das mudanças climáticas pode ficar entre 1,5% e 5% do PIB regional em 2050, mas se forem assumidas ações e investimentos para transformar e modernizar as estruturas produtivas que representam os atuais custos de adaptação, estes poderão ser inferiores a 0,5% do PIB da região em 2020.

Estes aspectos parecem não estar ligados à actividade empresarial, mas quando as alterações climáticas são identificadas como uma externalidade do crescimento económico, como propõe

Moreno Brid (2020), as empresas podem encontrar oportunidades importantes de posicionamento social e crescimento comercial, se liderarem uma transição para o crescimento económico. na economia verde, marcam a redução da pobreza e a minimização das suas emissões de carbono.

A partir da análise da cidade podem ser apontadas ações para reduzir o caos veicular e consequentemente melhorar as condições de qualidade do ar na cidade, o que se refletirá em uma forte cobertura verde urbana e em melhores condições de saúde dos habitantes. Gestão adequada dos resíduos sólidos que evite a proliferação de vetores de saúde em fontes de acumulação indevida ou a sua disposição em formas, horários ou espaços imprevistos, que deteriorem a paisagem geral da cidade. E construção da identidade dos habitantes perante a sua cidade em que os espaços verdes e os espaços públicos sejam reconhecidos como infraestruturas que melhoram a sua qualidade de vida, em que todos podem usufruir e devem exercer ações responsáveis que construam e melhorem os espaços já disponibilizados.

Com processos permanentes de educação ambiental, a administração municipal deve liderar ações de gestão que complementem de forma eficiente as contribuições comunitárias, ou seja, proporcionar áreas verdes cuidadas e adaptadas para a fruição e contemplação dos moradores, onde possam ser realizadas atividades de interação recreativa passiva. com ambientes verdes e é reconhecido o fortalecimento da saúde de todas as pessoas, bem como a implementação de mecanismos eficientes na recolha de resíduos e a implementação de tecnologias que reflitam o bem-estar contínuo baseado na contribuição inicial do cidadão, comunicando a minimização de problemas problemas sociais devido à geração permanente e inevitável de resíduos sólidos.

CONCLUSÕES E RECOMENDAÇÕES

Os problemas de planejamento e desenvolvimento da cidade coincidem com os problemas vistos a partir das mudanças climáticas, gestão de resíduos sólidos e caos veicular devido às estradas antigas, são os aspectos que mais atingem a infraestrutura urbana e dificultam as condições de vulnerabilidade da cidade. Embora na grande maioria dos sectores estes conflitos tenham sido geridos, a sua regulamentação deve ser intensificada para evitar que as condições vulneráveis continuem a deteriorar-se. Para Bucaramanga é imperativo resolver o problema da gestão dos resíduos sólidos, promovendo assim a saúde dos habitantes e também dinamizando o tráfego de veículos, gerindo a renovação dos eixos rodoviários, para apoiar a maior procura de frota automóvel e melhorar a infra-estrutura de controlo rodoviário. para agilizar o tráfego nos principais eixos de viagem e, consequentemente, otimizar os tempos de viagem dentro do ambiente urbano

As alterações climáticas são um factor que afecta todos os ambientes de vida, o ambiente urbano torna estes efeitos fortemente evidentes ao aglomerar múltiplas actividades e estilos de vida num território restrito, razão pela qual actuar sobre as pessoas deve ser um suporte mais sólido para transformar a cidade e melhorar as suas condições. de vulnerabilidade, se as pessoas não transformarem os seus costumes, atitudes e comportamentos, o seu território de vida continua a sua degradação. A aposta mais importante deve ser a mudança de atitudes que leve a sociedade a realizar mudanças territoriais que alcancem qualidade de vida após o equilíbrio do homem e da natureza.

Parece que os aspectos urbanos das alterações climáticas não têm relação directa com a realidade empresarial e comercial da cidade, mas é inegável que os factores deteriorados da cidade afectam os níveis de trocas comerciais. O caos veicular determina limitações de mobilidade, resultando em movimentos repensados e realocados na busca de bens e serviços; Os resíduos sólidos afectam a paisagem e a saúde do ambiente, regulando assim o acesso dos cidadãos pelos sectores da cidade; A perda de identidade e pertencimento do cidadão ao seu meio, leva ao desconhecimento das atividades produtivas do território, aspectos que quebram a dinâmica comercial e consequentemente a vida empresarial da cidade. A empresa participa na mudança destas realidades associadas às alterações climáticas, agindo de dentro para fora. Mudar e melhorar seus sistemas produtivos, reduzir sua geração de resíduos sólidos utilizando recursos mais reaproveitáveis, in loco e na cadeia de vida útil de seus produtos, promover colaboradores melhor capacitados e capacitados não só tecnicamente mas também humanamente, são ações que levam à abertura novos espaços sociais, onde a consciência renovada do meio ambiente busca produtos que também se preocupem com esse meio ambiente. Embora essa reconquista de compradores não seja imediata, pode ser um resultado que conduza prospectivamente a cenários economicamente mais favoráveis.

REFERÊNCIAS

EEE, AE (2015). *Mudanças Climáticas e Cidades.* Madrid, Espanha: Agência Europeia do Ambiente.

Agência Europeia do Ambiente, AEA. (2018). *10 Estudos de caso Como a Europa está a adaptar-se às alterações climáticas.* https://climate-adapt.eea.europa.eu/about/climate-adapt-10-case-studies-online.pdf

PREFEITO DE IBAGUE. (2016). *alcaldiadeibague.gov.co.* http://www.alcaldiadeibague.gov.co/portal/admin/archivos/publicaciones/2016/14024-PLA-20160502.pdf

Gabinete do Prefeito de Ibagué. (2016). *alcaldiadeibague.gov.co.* http://www.alcaldiadeibague.gov.co/portal/admin/archivos/publicaciones/2016/14024-PLA-20160502.pdf

AMAYA, CC, & HERNANDEZ, CC (15/04/2018). *Pascualbravo.edu.co/cintexpb* . Pascualbravo.edu.co: http://www.pascualbravo.edu.co:5056/cintexpb/index.php/cintex/article/view/301

Amaya, CC, Tavera, CN, Avila, AM, Alvarado, PJ, & Vesga, Á. P. (2019). Proposta Metodológica para Avaliação do Nível de Vulnerabilidade às Mudanças Climáticas em Ambientes Urbanos. Comuna 13, Bucaramanga, Santander. *17ª Multiconferência Internacional LACCEI de Engenharia, Educação e Tecnologia* (pp. 1-10). Boca Raton – EUA: LACCEI.

AMB, AM (2011). *Plano Diretor de Mobilidade de Bucaramanga 2011-2030.* Bucaramanga: AMB.

Arboleda, A. (2008). Manual para avaliação de impactos ambientais de projetos, obras ou atividades., (pp. 75 - 86). Medellín.

Barcelona, A. (2020). *Barcelona para Clima, Ecologia, Planeamento Urbano, Infraestruturas e Mobilidade.* https://www.barcelona.cat: https://www.barcelona.cat/barcelona-pel-clima/es/barcelona-responde/acciones-concretas

Bárcena, IA, Samaniego, J., Peres, W., & Alatorre, JE (2020). *A emergência das mudanças climáticas na América Latina e no Caribe: continuamos esperando pela catástrofe ou agimos?* Washington DC: Nações Unidas - CEPAL. LC/PUB.2019/23-P. ISBN 9789211220315.

BARTON, JR (2009). Adaptação às alterações climáticas no planeamento cidade-região. *Revista de Geografia Norte Grande, 43* (1), 5-30.

Bauni, VA (2017). Mortalidade de animais silvestres por atropelamentos na Mata Atlântica do Alto Paraná, Argentina. *Revista Ecossistemas* , 54-56.

BID, BI (2016). *Avaliação da Iniciativa Cidades Emergentes e Sustentáveis do BID.* Washington, DC: BID.

BID, Banco Interamericano de Desenvolvimento. . (2106). *Guia metodológico do Programa Cidades Emergentes e Sustentáveis.* Washington DC EUA: BID.

Bogotá. (2015). *Plano distrital para adaptação e mitigação à variabilidade e mudanças climáticas.* Bogotá.

Títulos, B. 2. (2001). Mitigação do habitat da vida selvagem. *In: Vida selvagem e rodovias: em busca de soluções para um dilema ecológico e socioeconômico. 7ª Reunião Anual da Wildlife Society. Nashville, Tennessee* , 70-72.

Breil, M., Downing, C., Kazmierczak, A., Mäkinen, K., & Romanovska, L. (2018). *Vulnerabilidade social às alterações climáticas nas cidades europeias – ponto da situação em termos de políticas e práticas.* Bolonha, Itália. https://doi.org/10.25424/CMCC/SOCVUL_EUROPCITIES: Centro Temático Europeu sobre Impactos, Vulnerabilidade e Adaptação das Alterações Climáticas (ETC/CCA).

Bucaramanga, AM (2012). *Plano de Ordenamento do Território 2012-2027.* Bucaramanga: Prefeito de Bucaramanga, http://www.concejodebucaramanga.gov.co/pot-2012-2027/tomo01.pdf.

Buenos Aires, G.d. (2017). *Relatório Provincial, Adaptação dos Objetivos de Desenvolvimento Sustentável na cidade de Buenos Aires.* Buenos Aires, Argentina: Governo da cidade de Buenos Aires.

Cali, AM (2020). *Plano municipal de adaptação e mitigação às alterações climáticas.* Cali. Vale do Caucá.

Canales-Delgadillo, JP-C.-J.-P.-P.-M. (2020). Mortes no trânsito na rodovia costeira do Golfo do México: quantas e quais espécies de vida selvagem estão sendo perdidas? *Revista Mexicana de Biodiversidade* , 91.

Castillo-R, JC-M.-G. (2015). Mortalidade de fauna por colisão de veículos em um trecho da Rodovia Panamericana entre Popayán e Patía. *Boletim Científico Centro Museológico. Museu de História Natural,* , 207 -219.

Chavarro, PM, Garcia, GA, Garcia, PJ, Pabón, JD, Prieto, RA, & Ulloa, CA (2013). *Preparação para o futuro, ameaças, riscos, vulnerabilidade e adaptação às alterações climáticas.* Bogotá. ISBN 978-958-98840-1-0: ONU DC- COLÔMBIA.

CQNUMC, CM (1994). *https://unfccc.int.* Recuperado em 10/03/2019, em https://unfccc.int/files/essential_background/background_publications_htmlpdf/application/pdf/convsp.pdf

Costa, PC (2007). Adaptação às mudanças climáticas na Colômbia. *Revsita de Ingenierias, UNIANDES* (26), 74-80.

Daniel Licandro, O., Alvarado-Peña, LJ, Sansores Guerrero, EA, & Navarrete Marneou, JE (2019). Responsabilidade Social Empresarial: Rumo à formação de uma tipologia de definições. *Revista Venezuelana de Gestão* , 3-14; ISSN: 1315-9984; Redalyc: https://www.redalyc.org/articulo.oa?

Delgado, GC, De Luca Zuria, A., Vázquez Zentella, V., .,:, & . (2015). *Adaptação urbana e mitigação das mudanças climáticas no México Título.* México: Centro de Pesquisa Interdisciplinar em Ciências e Humanidades, Universidade Nacional Autônoma do México.

EIU, EI (2010). *Índice de Cidades Verdes da América Latina, Uma avaliação comparativa do impacto ecológico das principais cidades da América Latina.* Munique, Alemanha: Siemens, Índice de Cidades Verdes.

ELA, E. e. (2013). Estratégias de adaptação às mudanças climáticas em nível de cidade, o caso de Quito-Equador. *ELLA, Gestão Ambiental* , 1-6.

FAO. (2021). *FAO na Colômbia* . Alimentação: passando das perdas às soluções: http://www.fao.org/colombia/noticias/detail-events/en/c/1238132/

Fonfria, S. (17/04/2017). *Agência Local de Energia e Mudanças Climáticas de Múrcia.* http://www.um.es/documents/3456781/5197411/Presentacion+Plan+Adaptacion+Murcia_ALEM.pdf/9611c9b6-d7f1-4c3c-8f5f-9d35789c246e

FONFRIA, S. (17/04/2017). *Agência Local de Energia e Mudanças Climáticas de Múrcia.* http://www.um.es/documents/3456781/5197411/Presentacion+Plan+Adaptacion+Murcia_ALEM.pdf/9611c9b6-d7f1-4c3c-8f5f-9d35789c246e

Forman, RT, Sperling, D., Bissonette, JA, Clevenger, AP, Cutshall, CD, Dale, VH,. . . Inverno, TC (2003). *Ecologia Rodoviária: Ciência e Soluções.* Imprensa da Ilha.

Galindo, LM, Samaniego, J., Alatorre, JE, Carbonell, JF, Reyes, O., & Sanchez, L. (2015). *Oito teses sobre mudanças climáticas e desenvolvimento sustentável na América Latina.* Santiago do Chile: ONU.

Garabiza Castro, B. d., Sánchez Guerrero, JF, & Casanova Montero, AR (2017). A internalização das externalidades empresariais no Equador. *Res non verba (Guayaquil)* , 47-64, Universidade de Guayaquil.

Garcia, LA (2018). Externalidades e cultura rodoviária. Fenômenos em torno do uso do carro em Xalapa, Veracruz, México. *Clivagens, revista de ciências sociais. ISSN: 2395-9495* , 171-187; https://doi.org/10.25009/clivajes-rcs.v0i9.2539.

GEA21, G. d. (2017). *Estado da arte dos Planos de Ação Climática, Plano de Ação Climática 2050 de Donostia / San Sebastián.* San Sebastian, Espanha: GEA21. http://www.aclima.eus/wp-content/uploads/2017/09/Estado-del-arte-de-los-Planes-de-Acci%C3%B3n-del-Clima-V3.pdf

Governo do Chile, M d. (2017). *PLANO DE AÇÃO NACIONAL PARA AS MUDANÇAS CLIMÁTICAS 2017-2022.* Santiago do Chile: Governo do Chile.

GOVERNO DO CHILE, MINISTÉRIO DO MEIO AMBIENTE. (2017). *PLANO DE AÇÃO NACIONAL PARA AS MUDANÇAS CLIMÁTICAS 2017-2022.* Santiago do Chile: Governo do Chile.

Governo da República da Colômbia. (2019). *Estratégia nacional de economia circular. Fechamento de ciclos de materiais, inovação tecnológica, colaboração e novos modelos de negócios.* http://www.andi.com.co/Uploads/Estrategia%20Nacional%20de%20EconA%CC%83%C2%B3mia%20Circular-2019%20Final.pdf_637176135049017259.pdf

Heras, BP (2015). ADAPTAÇÃO ÀS ALTERAÇÕES CLIMÁTICAS NA UNIÃO EUROPEIA: LIMITES E POTENCIALIDADES DE UMA POLÍTICA MULTILÍVEL. *REVISTA ELETRÔNICA DE ESTUDOS INTERNACIONAIS* (24), 1-29.

Hernandez, SR, Fernando, FC e Pilar, BL (2014). *METODOLOGIA DA INVESTIGAÇÃO.* MÉXICO: MAC GRAW HILL.

HERNANDEZ, SR, Fernando, FC, & Pilar, BL (2014). *METODOLOGIA DA INVESTIGAÇÃO .* MÉXICO: MAC GRAW HILL.

HERRERO, AC, NATENZON, C., & LORENA, MM (17 de 11, 2018). *Vulnerabilidade social, ameaças e riscos às mudanças climáticas no Aglomerado da Grande Buenos Aires.* Buenos Aires: Publicações CIPPEC. https://www.lanacion.com.ar/2084753-buenos-aires-lider-contra-el-cambio-climatico

Herrero, AC, Natenzón, C., & Lorena, MM (17 de 11, 2018). *Vulnerabilidade social, ameaças e riscos às mudanças climáticas no Aglomerado da Grande Buenos Aires.* Buenos Aires: Publicações CIPPEC. https://www.lanacion.com.ar/2084753-buenos-aires-lider-contra-el-cambio-climatico

IBARRA, ML (2016). *Vulnerabilidade social em Tijuana devido a eventos hidrometeorológicos. Estudo de caso: Colônia 3 de outubro.* Tijuana, México: CFN, Colégio de la Frontera Norte.

IDEAM, I.d. (2015). *Novos Cenários de Mudanças Climáticas para a Colômbia 2011-2100, Ferramentas Científicas para a Tomada de Decisões.* Bogotá: publicações IDEAM.

IDEAM, I. d. (2016). *Terceira Comunicação Nacional sobre Mudanças Climáticas.* Bogotá: IDEAM, Instituto de Hidrologia, Meteorologia e Estudos Ambientais.

INI, L. (2016). *energias renováveis.com.* https://www.energias-renovables.com/panorama/vaxjo-la-ciudad-mas-verde-de-europa-20161007

IPCC, PI (2014). www.ipcc.ch. Em *Mudanças Climáticas 2014, Impactos, Adaptação e Vulnerabilidade* (pp. 35-94). Reino Unido e Nova Iorque: IPCC.

Laurance, WF, Clements, GR, Sloan, S., O'Connell, CS, Mueller, ND, Goosem, M., . . . Burgues Arrea, I. (2014). Uma estratégia global para a construção de estradas. *Natureza ,* 229-232.

Laurance, WF, Goosem, M. e Laurance, SG (2009). Impactos de estradas e clareiras lineares nas florestas tropicais. *Tendências em Ecologia e Evolução ,* v. 24, não. 12, .

López-Guzmán Guzmán, TJ (2009). Desenvolvimento socioeconómico do meio rural baseado no turismo comunitário. Um estudo de caso na Nicarágua. . *Cadernos de desenvolvimento rural ,* 81-97.

Magrin, GJ-P. (2014). *Mudanças Climáticas 2014: Impactos, Adaptação e Vulnerabilidade. Parte B:Aspectos Regionais. Contribuição do Grupo de Trabalho II para o Quinto Relatório de Avaliação do IPCC.* Nova York: ONU.

Margulis, S. (2016). *Vulnerabilidade e adaptação das cidades latino-americanas às mudanças climáticas.* Santiago: ONU, CEPAL, Comissão Econômica para a América Latina e o Caribe.

MARGULIS, S., & CEPAL, CE (2016). *Vulnerabilidade e adaptação das cidades latino-americanas às mudanças climáticas.* Santiago: ONU.

María Margarita Bedoya-V., AA-A.-V. (2018). Acidentes com animais selvagens na rede viária urbana de cinco cidades do Vale do Aburrá (Antioquia, Colômbia). *CONSERVAÇÃO* , 335-348.

Medellín, A. d. (2015). *Estratégia abrangente para a gestão das alterações climáticas.* Medellín.

Messmer, TA (2008). Estatísticas de colisão cervo-veículo e informações de mitigação: fontes online. *Conflitos entre humanos e animais selvagens* , 131-135.

Meu ambiente. (2020). *Lista de impactos ambientais específicos no âmbito do licenciamento ambiental.*

MinAmbiente, & CAEM, CA (2016). *Plano Integral de Gestão das Mudanças Climáticas Territoriais Atlânticas 2040.* Barranquilla.

MINAMBIENTE, M. d. (2017). *Plano Integral de Gestão Territorial de Mudanças Climáticas do Departamento de Santander 2030.* Bogotá DC: MINAMBIENTE.

Molina, M., José, S. e Julia, C. (2017). *Mudanças climáticas, causas, efeitos e soluções.* México: Fundo de Cultura Econômica.

Monroy, MC-L. (2015). Taxa de atropelamentos de animais selvagens na estrada San Onofre – María la Baja, Caribe colombiano. *Revista da Associação Colombiana de Ciências Biológicas* , 88-95.

Montenegro Montero, HM (2018). *Vida Selvagem Atropelada na Via Mamatoco - Minca, Santa Marta, Caribe Colombiano.* Santa Marta: Universidade Magdalena.

Moroney, A. (2018). *O uso de análise espacial e temporal na manutenção de medidas de mitigação da mortalidade rodoviária para a vida selvagem na Irlanda. .* Estocolmo: KTH ROYAL INSTITUTE OF TECHNOLOGY SCHOOL OF ARCHITECTURE AND THE BUIL ENVIRONMENT.

Nações Unidas. (2021). *Colômbia das Nações Unidas* . Passando das perdas e desperdícios de alimentos para soluções: https://nacionesunidas.org.co/noticias/actualidad colombia/pasando-de-perdidas-y-desperdicios-de-alimentos-pda-a-soluciones/

Nações Unidas. (18 de maio de 2021). *Produção e consumo responsáveis: por que são importantes.* https://www.un.org/sustainabledevelopment/es/wp-content/uploads/sites/3/2016/10/12_Spanish_Why_it_Matters.pdf

Niemeyer, O., & Costa, L. (2018). *Brasília, a cidade inteligente do passado.* Brasília: Smart.City_Lab.

Novillo, r. N., Olmedo, MP, Perez, Y., & Rojas, PY (2018). *Abordagens ao Estudo da relação entre as cidades e as alterações climáticas.* Quito, Equador: FLACSO.

ORTIZ, BL (2017). *As externalidades.* www.economia.unam.mx: http://www.economia.unam.mx/profesores/blopez/valoracion-externalidades.pdf

Pabón, CJ (2018). Mudanças climáticas na Colômbia. *Resenhas de Geografia, Universidade Nacional da Colômbia* .

Pacto Global. (18 de maio de 2021). *Empresas e organizações diante do ODS 12* .
https://www.pactomundial.org/2019/11/sector-privada-ante-ods-12/

Pilar, R. (2013). *FAO.* http://www.fao.org/3/a-i3388s.pdf

República da Colômbia . (2019). *Diário do Congresso, Senado e Câmara.* Alteração total do
texto proposto para primeiro debate ao projeto de lei número 301 de 2018:
http://leyes.senado.gov.co/proyectos/images/documentos/Textos%20Radicados/P
onencias/2019/gaceta_357.pdf

Rojas, AD (2016). *Desenvolvimento rodoviário na Colômbia e o impacto das estradas de
quarta geração.* Bogotá: UMNG, Universidade Militar Nueva Granada.

Rozas, P. &. (2004). Desenvolvimento de infra-estruturas e crescimento económico: revisão
conceptual. *CEPAL* .

Sánchez, RR (2013). *Respostas Urbanas às Mudanças Climáticus na América Latina.*
Santiago do Chile: CEPAL, CEPAL-IAI, Comissão Econômica para a América Latina e o
Caribe.

Seijas, AE-Q. (2013). Mortalidade de vertebrados na rodovia Guanare-Guanarito, estado de
Portuguesa, Venezuela. *Jornal de Biologia Tropical* , 1619-1636.

Sengupta, S. (25/03/2019). Copenhaga, uma cidade pode cancelar as suas emissões de
gases com efeito de estufa? *O Clarim* .

Smathers Jr, W. (2001). Os impactos socioeconômicos das colisões entre veículos selvagens.
. *Vida selvagem e rodovias.* , vinte e um.

Sustentável, D. (1986). Metas de desenvolvimento sustentável. . *Organização para
Alimentação e Agricultura: Roma, Itália.*

Stasiukynas, DC-W. (2021). Estradas para o mar: estudo sobre o impacto dos vertebrados
selvagens e dos ecossistemas circundantes em dois corredores rodoviários na
Colômbia. *Trilogia da Sociedade de Tecnologia Científica* , 13 (24).

Superintendência de serviços públicos domiciliares. (2019). *Relatório de disposição final de
resíduos sólidos 2018.* Bogotá: Superintendência de serviços públicos domiciliares.

Tsegaye, B., Jaiswal, S. e Jaiswal, A. (2021). Biorrefinaria de resíduos alimentares: Caminho
para a bioeconomia circular. *Alimentos, 10* (6), 1174.
https://doi.org/https://doi.org/10.3390/foods10061174

UNICC, UC (12, 2017). *Estudo de Caso: Paradigmas de Mobilidade.*
https://ciudadarquitecturamedioambiente.files.wordpress.com/2015/09/movilidad
-curitiba-alex-levet.pdf

UNICC, UNIVERSIDADE CRISTOBAL CÓLON. (12 de 2017). *Estudo de Caso: Paradigmas de
Mobilidade.*
https://ciudadarquitecturamedioambiente.files.wordpress.com/2015/09/movilidad
-curitiba-alex-levet.pdf

Unidade, EI (2010). *Índice de Cidades Verdes da América Latina.* Siemens.
https://www.siemens.com/press/pool/de/events/corporate/2010-11-lam/study-
latin-american-green-city-index_spain.pdf

Valência, AM (2015). *.ayto-valencia.es.* http://www.ayto-
valencia.es/ayuntamiento/Energias.nsf/0/7ABD14C45FA34ECAC1257ED7002C2A96
/$FILE/Plan%20de%20accion%20ambiental.pdf?OpenElement&lang=1

VALÊNCIA, AM (2015). *.ayto-valencia.es.* http://www.ayto-
valencia.es/ayuntamiento/Energias.nsf/0/7ABD14C45FA34ECAC1257ED7002C2A96
/$FILE/Plan%20de%20accion%20ambiental.pdf?OpenElement&lang=1

Grupo Banco Mundial. (2018). *Que desperdício 2.0. Um panorama global da gestão de
resíduos sólidos até 2050.*
https://openknowledge.worldbank.org/handle/10986/30317

CAPITULO 4.
MORTALIDAD DE FAUNA SILVESTRE POR EFECTO VEHICULAR EN LA TRONCAL CENTRAL (RUTA NACIONAL 45 A08) EN EL TRAMO BUCARAMANGA (SECTOR PALENQUE-LA CEMENTO) A SAN ALBERTO (CESAR)

MORTALIDADE DE ANIMAIS SELVAGENS POR EFEITO VEÍCULO NO TRONCO CENTRAL (ROTA NACIONAL 45 A08) NO SETOR BUCARAMANGA (SETOR PALENQUE-LA CEMENTO) ATÉ SAN ALBERTO (CESAR)

Carolina Hernández Contreras

Biólogo. Mestrado em Ciências e Tecnologias Ambientais

Professor investigador do Grupo de Investigação GIECSA, vinculado ao programa de Engenharia

Ambiental das Unidades Tecnológicas de Santander

chernandez@correo.uts.edu.co

Yenifer Katherine Flórez Contreras

Engenheiro ambiental

Aluno Participante do grupo de investigação GIECSA, lotado no programa de Engenharia Ambiental das

Unidades Tecnológicas de Santander

ykflorez1212@gmail.com

Jéssica Viviana Vega Sánchez

Engenheiro ambiental

Aluno Participante do grupo de investigação GIECSA , lotado no programa de Engenharia Ambiental das

Unidades Tecnológicas de Santander

jviviana.s@hotmail.com

ODS: 

RESUMO

Atualmente nossa região apresenta crescimento socioeconômico e ao mesmo tempo desenvolvimento de infraestrutura viária que acarreta problemas ambientais e dentro disso o atropelamento da fauna, apresentando grandes alterações nos ecossistemas que circundam as estradas. Diante do exposto, o objetivo do seguinte capítulo do livro é descrever os pontos críticos que o tronco Central (rota nacional 45 A 08) apresenta entre o trecho Bucaramanga (setor Palenque - La Cemento) e San Alberto (Cesar) em relação ao mortalidade da vida selvagem por colisão de veículos e propor estratégias que nos levem a cumprir as metas do ODS 15.

O estudo foi realizado com o objetivo de determinar a mortalidade de indivíduos por colisão de veículos e conhecer um percentual preliminar que mostre quantos animais morrem devido a esta situação, bem como determinar o impacto que a perda daquela espécie gera na ecossistema. De acordo com a ordem de importância por mortes, foram encontradas espécies silvestres, em primeiro lugar o grupo faunístico das aves, em segundo lugar, os répteis e por último os mamíferos. Da mesma forma, a pesquisa propôs soluções alternativas para reduzir e mitigar a colisão das espécies que predominam nesta área.

Espera-se que com esta investigação seja possível priorizar a conservação da biodiversidade presente no percurso por entidades como INVIAS, ANI, autoridades ambientais e entidades responsáveis pelas estradas. Recomenda-se reforçar as medidas de mitigação, uma vez que visam fazer com que os condutores reduzam a velocidade ou a fauna local para evitar os trechos mais perigosos.

INTRODUÇÃO

Actualmente existe um grande crescimento social e económico que exige uma modificação da rede rodoviária que oferece múltiplos benefícios à economia, comunicação e lazer da comunidade. Devido à modernização desta infraestrutura, ficou evidente um grande impacto na biodiversidade faunística presente onde estes projetos são realizados.

Há uma série de factores de mudança que afectam directa e indirectamente as populações selvagens através do desenvolvimento de sistemas rodoviários (Forman y otros, 2003). A rede rodoviária dentro ou perto de áreas naturais foi identificada como uma das principais causas da perda e fragmentação de habitat (Laurance y otros, Impacts of roads and linear clearings on tropical forests., 2009). Atualmente, estima-se que 25 milhões de quilómetros de estradas terão sido construídos até 2050, 90% dos quais serão em países em desenvolvimento (Laurance y otros, 2014).

Fica evidente um problema central, como o atropelamento de animais selvagens, que foi abordado no projeto de pesquisa realizado na estrada nacional central (rodovia nacional 45 a08) no trecho Bucaramanga (Setor Palenque-La Cemento) a San Alberto (Cesar) onde foram identificados os pontos críticos da estrada e como os ecossistemas dessa área são afetados pela perda das espécies impactadas.

De acordo com a pesquisa realizada na rodovia Toluviejo na Ciénaga la Caimanera por Ossa & Galván, o ano de 2015 foi utilizado como referência para a realização da presente investigação, onde alguns fatores que afetam o índice de acidentes de espécies como fluxo de veículos, largura de a estrada, o comportamento das espécies, a cobertura vegetal, a ausência de sinalização. (Montenegro Montero, 2018)

Com base nessas informações, foi proposta a metodologia utilizada para a realização da pesquisa. O projeto foi realizado em três fases sendo a primeira a coleta de informações primárias e secundárias, para obtenção das informações primárias foi realizado através de monitoramento na área de estudo, as informações secundárias foram obtidas através da revisão de bibliografia de entidades públicas e privado.

Posteriormente, foi realizada a análise dos dados coletados durante os passeios para determinar os pontos críticos da rota de estudo, por sua vez foram identificadas as espécies mais ameaçadas neste ecossistema fragmentado. Da mesma forma, foi estabelecida a dinâmica populacional entre as espécies e como o habitat que habitam é perturbado pela sua ausência.

Os dados recolhidos neste projecto de investigação demonstram o efeito negativo do tronco Central (rota nacional 45 A 08) entre o troço Bucaramanga (sector Palenque - La Cemento) - San Alberto (Cesar) na fauna, um problema que requer a articulação de as diferentes entidades como INVIAS, ANI, autoridades ambientais, instituições de ensino, bem como as comunidades residentes na estrada.

PROBLEMA IDENTIFICADO

O desenvolvimento da infraestrutura rodoviária é um elemento fundamental no crescimento socioeconômico de um país, o que exige que seja proporcionada a modernização da infraestrutura física da Colômbia, apresentando um benefício para a comunidade porque facilita sua mobilização, reduz o custo e o tempo de transporte de os produtos, facilitando a entrada e saída dessas mercadorias para locais de difícil acesso. Porém, à medida que avança o desenvolvimento econômico e avança a construção de vias duplas, causam impactos adversos na dinâmica natural das espécies silvestres que habitam os ecossistemas imersos. na rede. (Rozas, 2004) (López-Guzmán Guzmán, 2009).

O atropelamento de animais selvagens nas estradas é um dos problemas globais que advém da expansão e construção de estradas porque interferem na dinâmica natural. As estradas e o tráfego de veículos impactam a vida selvagem de quatro maneiras: 1) deterioração na quantidade e qualidade do ecossistema em que habitam 2) difícil acesso aos alimentos para a vida selvagem 3) aumento da mortalidade devido ao atropelamento de espécies 4) fragmentação das comunidades de vida selvagem, no por outro lado, as espécies altamente afetadas são as maiores, pois possuem menor número de indivíduos, são mais móveis e apresentam poucas taxas de reprodução. (Smathers Jr, 2001), (Moroney, 2018), (Messmer, 2008)

Santander possui diversas estradas que auxiliam na boa conectividade entre os departamentos. O tronco central (rota nacional 45A 08) contém 501 km de extensão que atravessa vários ecossistemas, permitindo uma diversidade de vida selvagem no trecho Bucaramanga-San Alberto (Cesar). chamada de estrada de primeira ordem, fica evidente o aumento do fluxo veicular, gerando uso inadequado e abuso de velocidade, quantidade e frequência; Soma-se a isso a falta de consciência ambiental por parte de alguns motoristas, que preferem causar ferimentos ou até a morte aos animais encontrados nas estradas.

É importante destacar que as autoridades ambientais competentes não exigem que as empresas de construção identifiquem e avaliem os efeitos negativos que os projetos rodoviários produzem na vida selvagem devido aos atropelamentos, bem como o efeito que é causado nos ecossistemas circundantes. Da mesma forma, os planos de manejo não contemplam estratégias de prevenção e mitigação do impacto sobre a fauna presente, como sistemas de cercas, sinalização, refletores, passagens subterrâneas e viadutos. Demonstrando nosso problema central, é necessário formular a seguinte questão para lhe fornecer a melhor estratégia de solução. Qual o comportamento da mortalidade da vida selvagem por atropelamento na estrada chamada Troncal Central (rota nacional 45 A 08) entre o trecho Bucaramanga (setor Palenque - La Cemento) - San Alberto (Cesar) e qual a contribuição para o ODS ? quinze?

A proteção e conservação das riquezas naturais e ambientais é responsabilidade de todos e de todas as atividades. Esta responsabilidade pode ser assumida através da ação direta ou através da participação partilhada, ou seja, após a união de esforços comuns para ajudar a melhorar ou transformar a situação. Os agentes comerciais podem ajudar no fortalecimento dos aspectos ambientais, sendo protagonistas das ações, promovendo mudanças nos outros e apoiando aqueles que agem em benefício de todos.

As empresas apostam em responder com a máxima qualidade ao seu nicho comercial, mas hoje isso não é suficiente para a visão de qualidade de vida que, a partir de uma marca ou produto, a sociedade reconhece como agente de bem-estar. Hoje espera-se que, para além da qualidade comercial ou produtiva, os bens e recursos transmitam responsabilidade social, em que a sua contribuição para os seus clientes, não em função do consumo específico comercializado, mas após o seu posicionamento comercial gere valores acrescentados, que, sem acréscimo custo, proporcionam bem-estar ao comprador ou consumidor. Dentro desta responsabilidade social, uma coluna fundamental, a responsabilidade social ambiental, a partir da qual se evidencia o interesse e a contribuição num produto, quer através da sua própria acção, quer através da coordenação com outros, para a protecção, conservação e utilização dos recursos naturais e ambientais,. de duas formas fundamentais: no uso sustentável de recursos para gerar seu produto comercializável e na sua contribuição ao meio ambiente em investimentos e posições que não estão vinculadas à comercialização de seu produto.

A análise das mortes e impactos da fauna devido aos sistemas de transporte nos eixos rodoviários (García, 2018) mostra um espaço em que as atividades comerciais impactam a natureza, indiretamente e sem a intenção de sua deterioração, esta é uma posição compreensível, mas que deve ser evidente. nas atividades comerciais e produtivas, para que todos os responsáveis (culpados ou mal-intencionados) tomem a iniciativa de remediar os danos à natureza que o seu interesse comercial acarreta. Todo o comércio que se desloca por transporte terrestre neste eixo tem a responsabilidade de promover ações que protejam a flora e a fauna que o eixo rodoviário gera.

A flora pode ser compensada, após replantação e substituição, para recuperar no futuro uma cobertura verde, se não igual à afectada pelas estradas, se pelo menos num reforço progressivo que as torne ambientalmente aproveitáveis. A fauna exige ações in situ e imediatas, nas quais se busquem mecanismos que adaptem a realidade às necessidades ecossistêmicas da natureza e se estabeleça uma estratégia para mitigar os danos que o transporte rodoviário, terrestre e os bens que ali comercializam, geram. bens e serviços ecossistêmicos (Rojas, 2016).

METODOLOGIA

A primeira atividade desenvolvida foi o diagnóstico das espécies encontradas nos ecossistemas fragmentados pelo tronco central (Rota Nacional 45 A08) no trecho Bucaramanga (setor Palenque - La Cemento) até San Alberto (Cesar). Para isso, a área de estudo foi delimitada utilizando a ferramenta QGis, consecutivamente o tipo de ecossistema que predomina na estrada foi definido com auxílio de estudos de órgãos competentes como IDEAM, IGAC, IAVH, e metodologia Holdridge.

Foram realizadas 12 amostragens num período de dois meses (maio-junho de 2019) em que cada uma realizou 4 percursos durante o dia (manhã/tarde), obtendo um total de 48 percursos; onde foi necessário viajar dois observadores em uma motocicleta a uma velocidade de 20 km/h. O período do estudo é realizado de acordo com a disponibilidade de tempo dos autores. O registo da espécie foi realizado in situ, tendo em conta a localização geográfica e data de observação, da mesma forma foi mantido um registo fotográfico para realizar a análise e identificação dos corpos dos animais.

Para a caracterização dos animais cadastrados na seção, foi realizada de acordo com as definições das categorias taxonômicas de cada indivíduo que estão estabelecidas nos livros vermelhos definidos pelo Instituto Alexander Von Humboldt (IAVH). Como apoio, foi utilizada a aplicação iNaturalist, que permitiu conhecer de imediato características específicas da espécie. Juntamente com provas fotográficas, foram anexadas as coordenadas do local onde o animal foi encontrado atropelado. Foi aplicado um levantamento na comunidade localizada na área de influência, o que fortaleceu a identificação das espécies mais predominantes e mais ameaçadas por atropelamentos.

Em seguida, foi analisada a dinâmica populacional levando em consideração a taxa de mortalidade da fauna silvestre por atropelamento no tronco central (Rota Nacional 45 A08) no trecho Bucaramanga (setor Palenque - La Cemento) até San Alberto (Cesar). A taxa de atropelamentos por classe taxonómica foi calculada tendo em conta os atropelamentos registados, os dias percorridos (48) e a extensão do percurso (107 km) (Seijas, 2013), (Monroy, 2015) conforme se verifica na seguinte fórmula:

Taxa de acertos e corridas (TA) = N acertos / (N km * N percorridos).

Para analisar o impacto do atropelamento por cada tipo de indivíduo, avaliou-se cada trecho, identificando qual deles apresenta o maior número de casos. Dependendo da localização geográfica onde a estrada está localizada, foram utilizados shapefiles do SIAC (Sistema de Informação Ambiental Colombiano), onde foram obtidos os ecossistemas e biomas presentes na área do projeto. Levando em consideração os tipos de biomas, foi analisada a taxa de atropelamentos para cada classe de indivíduos cadastrados, a fim de estabelecer quantas espécies são perdidas para cada bioma.

Por fim, analisamos como poderíamos contribuir para o ODS 15 com este estudo e formulamos diversas estratégias ambientais que mitigam o impacto da vida selvagem no tronco central (Rota Nacional 45A) no trecho Bucaramanga-San Alberto (Cesar). Após diagnosticar e analisar a mortalidade por atropelamento de animais silvestres, foram propostas estratégias que auxiliam na redução, mitigação e proteção das espécies presentes nos ecossistemas de forma a minimizar os impactos gerados neste tronco.

RESULTADOS E DISCUSSÃO

Para o diagnóstico da espécie foi realizada primeiramente a identificação da área de estudo, correspondente a 107 km de rodovia nacional, compreendida entre o departamento de Santander (começando no setor La Cemento E:1104783;N:1283475) e terminando em o limite com Cesar (San Alberto com E:1076115; N1349504) a faixa de altitude vai de 100 a 111 metros acima do nível do mar, com temperatura >24°C, o percurso atravessa os municípios de Bucaramanga, Rionegro, Playón, La Esperanza e termina no limite do município de Saint Albert. Este percurso é uma via única com 2 faixas onde não existe sinalização de conservação e proteção da fauna. De acordo com a classificação de Holdridge (1978), a área compreende três zonas de vida: Floresta tropical muito seca (bms-T), floresta tropical úmida (bh-T) e floresta tropical pré-montana (hp/pm).

Registro de espécies atropeladas.

Ao final do monitoramento no tronco central (rota nacional 45 a 08) no trecho Bucaramanga (setor Palenque-La Cement) até San Alberto (Cesar), foram registrados 147 indivíduos atropelados em 48 rotas, que foram realizadas no período de 2 meses (maio-junho) do ano de 2019 "Tabela 1", dos quais 119 foram identificadas com seu gênero ou espécie, ao contrário, 28 espécies não foram identificadas devido às condições em que os cadáveres se encontravam. encontrados, mas foram classificados de acordo com algumas características típicas de um grupo faunístico (mamíferos, aves, répteis, insetos).

Tabela 1. Espécies atropeladas em 107 km da estrada nacional central (rota nacional 45 a08)

Família	Nome comum	Nome científico	Nº de atropelamentos
Classe de mamíferos			
Didelphidae	chuchá comum gambá comum	*Didelphis marsupiali*	vinte e um
	cachorro doméstico	*Canis lupus familiaris*	4
Myrmecophagidae	Honeyeater ou Tamanduá	*Tamanduá mexicano*	2
Sciurus	Esquilo	*Sciurus granatensis*	1
Quirópteros	Bastão	Quirópteros	1
Não identificado			3
Aula de pássaros			
Cathartidae	Gallinazo	*Coragyps atratus*	quinze
Emberizidae	Canário	*Sicalis flavéola*	7
Thraupidae	toche de ponta de prata	*Ramphocelus dimidiatus*	2
Thraupidae	Azulejo Palmero	*Thraupis palmarum*	2
Picídeos	Pica-pau	*Colaptes punctigula*	1
Columbídeos	pomba avermelhada	*Columbina talpaco*	2
Anatídeos	Pato	*Anatinae anas*	1
Trochilidae	Beija-Flor	*Clorostilbona mellisugus*	1
Psitacídeos	periquito verde	*Psittacara holochlorus*	3
Psitacídeos	periquito de óculos	*Forpus conspicillatus*	1
Tiranídeos	mahi mahi comum	*Pseudocolopteryx flaviventris*	1
Thraupidae	Pássaro de azulejo	*Thraupis episcopus*	1
Thraupidae	Benteveo preto e branco	*tirano tirano*	1
Turdídeos	Poderia	*Turdus ignobilis*	3
Fringillidae	Pintassilgo de asa branca	*Espinho saltério*	1
Não identificado			6
Aula de Répteis			
Colubridae	rabo de pimenta	*Micrurus mipartitus*	2

	iguana comum	*Iguana delicada*	
Iguanídeos			
	Iguana verde	*Iguana iguana*	9
Colubridae	Tigre, toche, voando	*Spilotes pullatus*	3
Colubridae	Cobra cabeçuda	*Mastigodryas boddaerti*	1
Colubridae	Jaqueta verde	*Leptophis ahaetulla*	3
Viperídeos	Tamanho x, rabo de pau	*Bothrops asper*	1
Elapidae	Coral	*Micrurus dumerilii*	1
Dipsadidae	coral falso	*Erytrolamprus mimus*	10
Dipsadidae	Caracol Comum	*Nebulosa de Sibon*	2
Dipsadinae	Coral masculino (falso)	*Pseudoboa neuwiedii*	2
Salamandridae	lagarto comum	*salamandra salamandra*	1
Não identificado			9
		Classe Anfíbia	
Ranídeos	Sapo	*Hipsboas pugnax*	1
Bobos da corte	Sapo	*rhinella marina*	2
Classe Gastrópodes			
Achatinidae	Caracol africano	*Achatina fulica*	7
		Classe Insecta	
Sem identificação (Actinote)			
		Classe Aracnídeos	
Araneae	Aranha		1
		SIM	
		Classe Myriapoda	
Anelida	Minhoca	*Hylesia nigricans*	1
Total			**146**

Fonte: Autores

Com as informações acima pode-se deduzir que as aves foram o grupo com maior incidência, com 48 indivíduos equivalentes a 33%, mostrando que a espécie com maiores registros foi *Coragyps atratus* . O segundo grupo com maior número de indivíduos pertence à classe dos répteis com 44 indivíduos representando 30%, a espécie mais afetada foi o *Erythrolamprus mimus* com 23%, e a família Iguanidae representou 19% dos indivíduos afetados. Quanto à classe dos mamíferos, foi categorizada como o terceiro grupo com maior incidência de atropelamentos com 33 indivíduos, o que corresponde a 22%, onde Didelphis *marsupialis* representa 64% do total de mamíferos registrados, por fim os insetos representaram 6,8%. , gastrópodes com 4,8%, anfíbios com 2% e por fim as classes com menor incidência de atropelamentos foram os miriápodes e os aracnídeos com 0,7% cada.

A desflorestação e a desertificação são actividades antropogénicas que colocam sérios desafios ao desenvolvimento sustentável e afectaram as vidas e os meios de subsistência de milhões de pessoas. Os ecossistemas naturais são de vital importância para sustentar a vida na Terra e desempenham um papel fundamental na luta contra as alterações climáticas. Cada espécie possui um nicho ecológico no habitat onde vive, por isso seu ambiente é altamente afetado se houver ausência dele, pois é um componente fundamental da biodiversidade e do equilíbrio ecológico do ecossistema , os animais desempenham um papel determinante, São protagonistas de grande parte dos fenômenos e processos que garantem condições adequadas de vida.

Os factores climáticos influenciam a oferta alimentar e a época reprodutiva, o que está relacionado com o maior ou menor número de atropelamentos; Da mesma forma, a maior ou menor cobertura das áreas de forrageamento está relacionada com a época do ano. No final das chuvas e início da seca, a produção de frutos silvestres também afeta notavelmente a composição, estrutura e dinâmica. do ecossistema. (Bauni, 2017).

Com base nas informações coletadas e nos dados estatísticos, são enfatizadas as espécies com maior índice de acidentes, destacando a importância que esta desempenha no meio ambiente e na sua população.

Um indivíduo altamente ameaçado na nossa área de estudo corresponde ao abutre (*Coragyps atratus*), uma ave necrófaga, conforme observado em estudos realizados na rede viária urbana do Vale do Aburra (María Margarita Bedoya-V., 2018). Essas aves se aproximam da estrada para comer os animais que estão em decomposição. Além disso, outro fator que afeta o problema de mortalidade dessa espécie são os resíduos orgânicos jogados pelas pessoas que circulam nas estradas. Da mesma forma, a maior causa de colisão de aves é causada quando elas retiram pequenos grãos de areia da beira da estrada para melhor digestão das sementes. Observou-se também que essas aves constroem seus ninhos nas copas das árvores.

parecendo afetados pela passagem de veículos pesados, que roçam os galhos, desestabilizando as caixas-ninho até caírem no asfalto e posteriormente ocasionarem a morte dos indivíduos. Como há ausência destas espécies no ecossistema, o equilíbrio ecológico será perturbado porque a dispersão de sementes não será realizada de forma regular.

Gambás (*Didelphis marsupiali*) possuem uma ampla variedade de habitats e registram altos níveis de migração entre populações em comparação com outros pequenos mamíferos. A sua elevada mobilidade e hábitos noturnos e o pequeno tamanho podem estar relacionados com a pouca visibilidade para detectá-los na estrada e evitar serem atropelados, isto explica porque é a segunda espécie com maior registo. em estudos realizados em acidentes rodoviários nas estradas Cali-Buenaventura (Stasiukynas, 2021), como também é relatado para a rede urbana do Vale de Aburrá (María Margarita Bedoya-V., 2018), nas estradas costeiras do Golfo do México, também são relatadas perdas da mesma espécie, mas em quantidades menores (Canales-Delgadillo, 2020). Sabe-se que esta espécie é importante no ecossistema, pois auxilia na regeneração da floresta por serem dispersoras de sementes. Geram assim impactos positivos para o meio ambiente e para as populações humanas .

Outra espécie da classe Mammalia vulnerável a atropelamentos é o tamanduá, que se alimenta principalmente de insetos (formigas, cupins e abelhas). Possui hábitos geralmente noturnos e arbóreos, para os quais possui cauda preênsil que facilita sua movimentação entre as árvores. A sua locomoção em terra é bastante lenta, pelo que atravessar uma estrada facilmente o coloca em risco de ser atropelado. Este fenómeno, juntamente com a caça e a degradação do habitat, constituem as principais ameaças que afetam as suas populações (IAVH, 2017).

Para a segunda fase da pesquisa foi realizado o estudo da dinâmica populacional e calculada a taxa de colisão (TA) segundo a fórmula de (Monroy, 2015) (Seijas, 2013)0,028 km/dia de colisões veiculares, que segundo os autores é de baixo impacto.

Em seguida, cada classe taxonómica é analisada com registos de atropelamentos tendo em conta a sua localização geográfica (Longitude, Latitude, Altura) de forma a determinar o troço que apresenta a maior taxa de atropelamentos e assim analisar o impacto dos atropelamentos para cada tipo de veículo. , isso foi avaliado por seções, identificando qual delas apresenta maior número de casos.

As aves são a classe com maior taxa de mortalidade na estrada, para isso foi determinado que o trecho com maior índice de colisões foi o trecho 2 (Rionegro-Playón) com 0,0046ind/dia/km. e 24 registros, seguido pelo trecho 3 (Playón-Cáchira) com 11 registros e taxa de colisão de 0,00214ind/dia/km. "Ilustração 1".

Figura 1. Número de registro por seção.

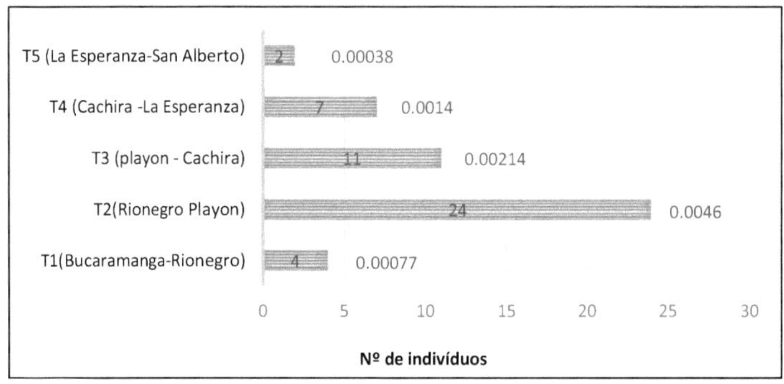

Fonte: Autores

Os répteis têm registro de atropelamento por 44 indivíduos, no qual foi determinado que o trecho 2 (Rionegro-Playón) tem o maior índice de atropelamento com 0,0041 com 21 registros, seguido pelo trecho 3 (Playón-Cáchira) com uma taxa de 0,00233ind/dia/km. e 12 registros, em terceiro lugar está o trecho 4 (Cáchira-La Esperanza) com 11 registros que correspondem a uma taxa de 0,00214ind/dia/km. Finalmente, o trecho 1 (Bucaramanga, Rionegro) e o trecho 5 (La Esperanza-San Alberto) não possuem registros de espécies atropeladas. "Ilustração 2".

Ilustração 2. Número de registro por seção.

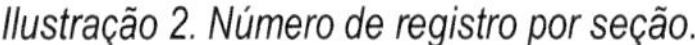
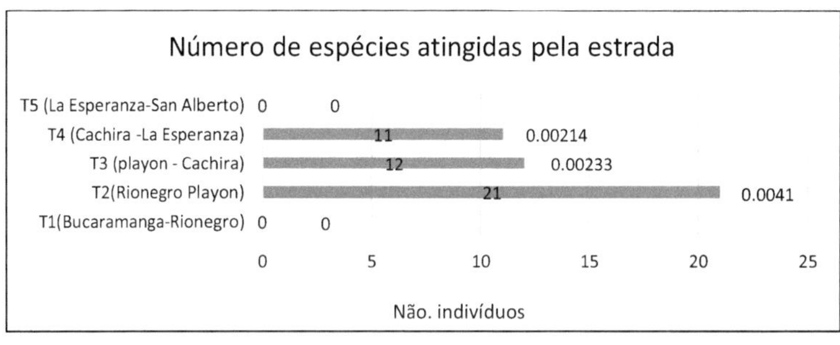

Fonte: Autores

Por outro lado, foram registrados 33 mamíferos na estrada, nos quais foi estabelecido que o trecho 2 (Rionegro-Playón) tem o maior índice de atropelamentos com 0,00311ind/dia/km e 16 registros, seguido pelo trecho 4 (Cáchira -La Esperanza) com 12 registros e taxa de colisão de 0,00233ind/dia/km, posterior trecho 3 (Playón-Cáchira). É importante mencionar que o trecho 1 (Bucaramanga-Rionegro) não possui registros de espécies atropeladas "Figura 3".

Ilustração 3. Número de registro por seção.

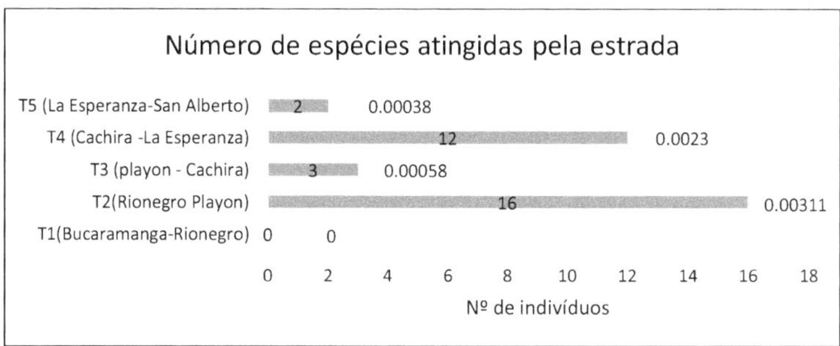

Fonte: Autores

A classe Insecta, por sua vez, tem um número recorde de 10 atropelamentos, foi estabelecido que o trecho 3 (Playón-Cáchira) tem o maior índice de atropelamentos com 0,00311ind/dia/km e 8 registros, seguido pelo trecho 2 (Rionegro-Playón) com 2 registros e taxa de colisão de 0,00038ind/dia/km, ou seja, trecho 1 (Bucaramanga-Rionegro), trecho 4 (Cáchira-La Esperanza) e trecho 5 (La Esperanza -San Alberto) não há rogictros dc cspécies atropeladas "Figura 4".

Ilustração 4. Número de registro por seção.

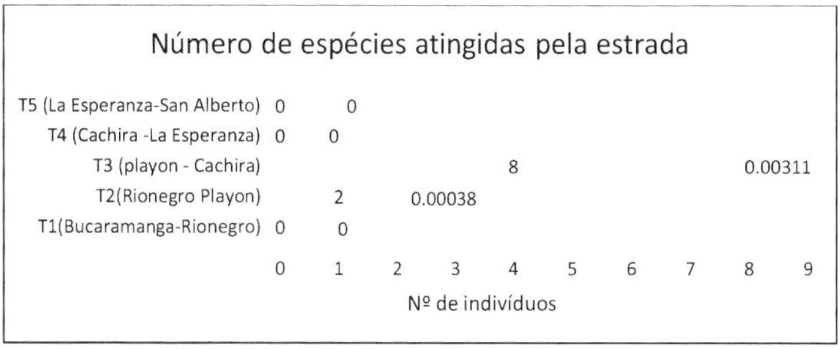

Fonte: Autores

Na classe dos gastrópodes foram registrados um total de 7 indivíduos durante a investigação, onde foram encontrados dois trechos com índice de atropelamentos, que foi o trecho 2 (Rionegro-Playón) com índice de 0,0012ind/dia/km e 6 registros , enquanto o troço 3 (Playón-Cáchira) com 1 registo e uma taxa de colisão de 0,00019 ind/dia/km "Ilustração 5".

Ilustração 5. Número de registro por seção.

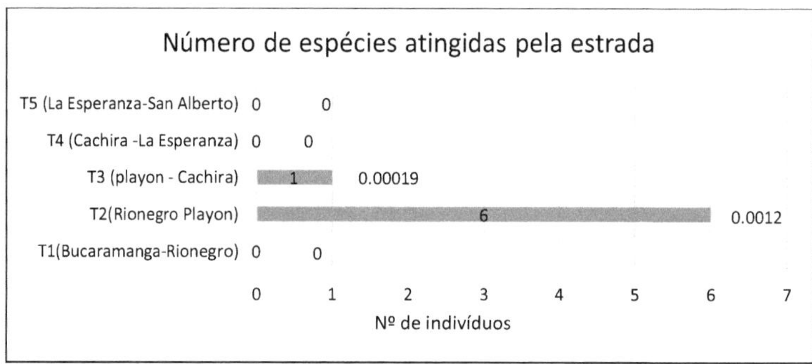

Fonte: Autores

Na classe dos anfíbios, durante a investigação foram registrados um total de 3 indivíduos, nos quais foram encontrados dois trechos com índice de atropelamento, que foi o trecho 2 (Rionegro-Playón) com índice de 0,00039ind/dia/km e 2 registros , enquanto o troço 3 (Playón-Cáchira) com 1 registo e uma taxa de colisão de 0,00019 ind/dia/km "Ilustração 6".

Ilustração 6. Número de registro por seção.

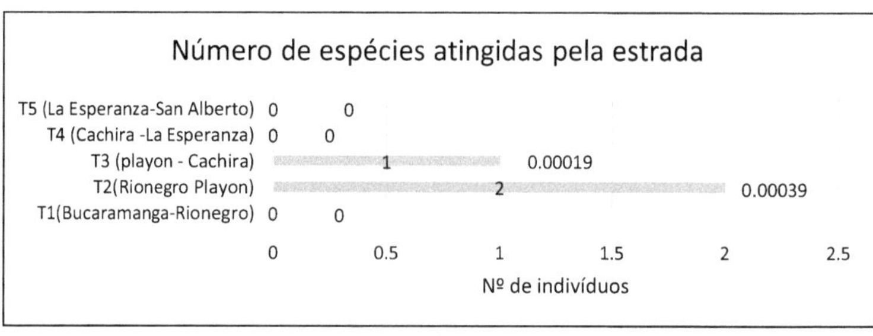

Fonte: Autores

Os miriápodes possuem um único registro de atropelamento de um indivíduo no trecho 2 (Rionegro-Playón) com taxa de atropelamento de 0,00019ind/dia/km "Ilustração 7".

Ilustração 7. Número de registro por seção.

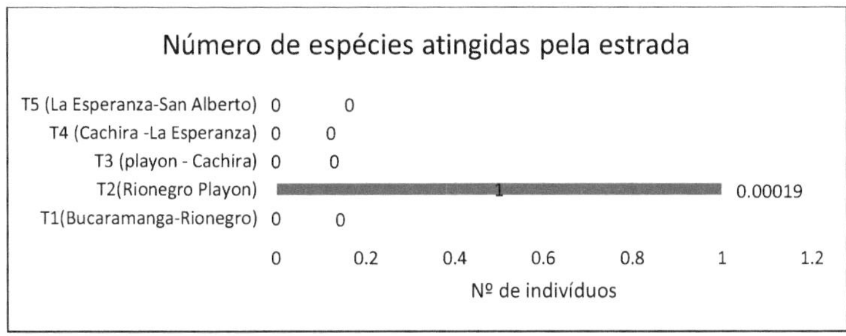

Fonte: Autores

Da mesma forma, um único indivíduo é registrado para a classe dos aracnídeos e é encontrado atropelado no trecho 2 (Rionegro-Playón) com uma taxa de atropelamento de 0,00019ind/dia/km "Figura 8".

Ilustração 8. Número de registro por seção.

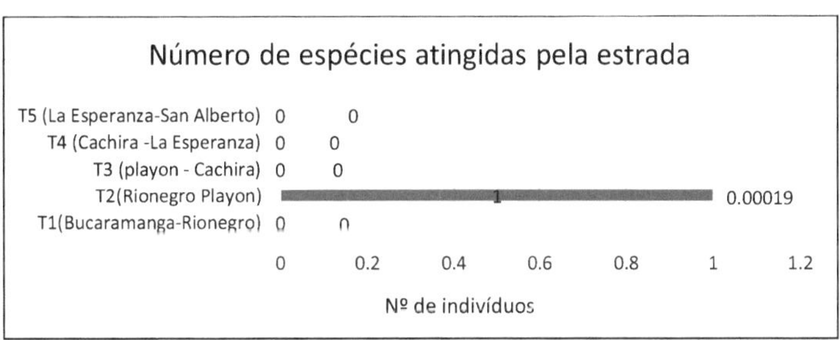

Fonte: Autores

O AT total do presente estudo é de 0,02647ind/km/dia, é relativamente baixo quando comparado com estudos realizados na estrada San Onofre – María la Baja, Caribe colombiano onde o AT total foi de 0,328ind/km/dia, em da mesma forma É relativamente baixo quando comparado aos estudos realizados em Portuguesa, na Venezuela, que é de 0,1393ind/km/dia (Seijas, 2013).

Cada espécie cumpre um nicho ecológico no habitat onde vive, por isso o seu ambiente é altamente afetado se houver ausência dele, pois é um componente fundamental da biodiversidade e do equilíbrio ecológico do ecossistema, os animais desempenham um papel determinante, são protagonistas de grande parte dos fenômenos e processos que garantem condições adequadas de vida.

Os factores climáticos influenciam a oferta alimentar e a época reprodutiva, o que está relacionado com o maior ou menor número de atropelamentos; Da mesma forma, a maior ou menor cobertura das áreas de forrageamento está relacionada com a época do ano. No final das chuvas e início da seca, a produção de frutos silvestres também afeta notavelmente a composição, estrutura e dinâmica. do ecossistema. (Bauni, Anfuso e Schivo, 2017).

CONTRIBUIÇÃO PARA OS ODS

Para prevenir, travar e reverter a degradação dos ecossistemas em todo o mundo, as Nações Unidas declararam a Década para a Restauração dos Ecossistemas (2021-2030). Esta resposta globalmente coordenada à perda e degradação de habitats centrar-se-á no desenvolvimento da vontade política e da capacidade para restaurar a relação dos seres humanos com a natureza. Da mesma forma, é uma resposta direta ao alerta da ciência, expresso no Relatório Especial sobre Mudanças Climáticas e Terra do Painel Intergovernamental sobre Mudanças Climáticas, às decisões adotadas por todos os Estados Membros das Nações Unidas Unidos nas convenções do Rio. sobre as alterações climáticas e a biodiversidade e a Convenção das Nações Unidas de Combate à Desertificação. (Sostenible, 1986)

Até 2030, garantir a conservação dos ecossistemas de montanha, incluindo a sua diversidade biológica, para melhorar a sua capacidade de proporcionar benefícios essenciais para o desenvolvimento sustentável e Tomar medidas urgentes e significativas para reduzir a degradação dos habitats naturais, travar a perda de diversidade biológica e, até 2020, proteger espécies ameaçadas e prevenir a sua extinção (Sostenible, 1986).

Cumprir os objetivos de desenvolvimento sustentável, especialmente tendo em conta as metas do ODS 15 anteriormente descritas nestes pontos críticos de mortalidade da vida selvagem devido ao efeito veicular no Tronco Central (Rota Nacional 45 a08) no Trecho Bucaramanga (Setor Palenque -La Cemento) a San Alberto (Cesar), propõe-se a implementação de estratégias estruturais ou não estruturais que proporcionem ao indivíduo maior segurança para sua movimentação.

Dentro das estratégias estruturais são recomendadas passagens de fauna subterrâneas ou aéreas, de forma a permitir uma ligação entre a fauna e o habitat que foi ou será fragmentado pela construção das estradas.

As passagens aéreas são construídas entre árvores destinadas especialmente a mamíferos como macacos, esquilos, gambás, ursos-preguiça, entre outros. Baseia-se no desenvolvimento de plataformas elevadas que permitem a movimentação contínua de animais entre as árvores.

Quanto às passagens subterrâneas de fauna, são do tipo caixa onde se destinam a todos os tipos de vertebrados (pequenos, médios, grandes) sem descartar a utilização destas estruturas por outros tipos de animais como répteis, anfíbios, entre outros , para isso é necessário delimitar com uma malha que contenha material vegetal para orientar o acesso ao túnel.

Quanto às medidas de sinalização, são as que reportam a presença de espécies de fauna na zona, uma vez que não foram implementadas nesta estrada. O objetivo desta sinalização é alertar os motoristas sobre a possível colisão de animais que costumam atravessar a via (Bonds, 2001).

Por último, poderíamos também ter em conta estratégias não estruturais, uma vez que contemplam a redução da velocidade tendo em conta que a maioria das colisões com animais selvagens ocorre devido à alta velocidade a que se deslocam, possivelmente aumentando a capacidade de resposta atempada dos condutores dos veículos que trafegam. essas estradas.(Castillo-R, 2016)

A compreensão dos resultados deste documento, a partir da economia ambiental, representa uma importante contribuição para a compreensão empresarial dos problemas ambientais que sua atividade de troca de bens e serviços gera sobre a natureza e o meio ambiente. Reconhecer que todo produto comercializável, de alguma forma, gera externalidades sobre a natureza, é um passo fundamental para alcançar a sustentabilidade da produção e a execução de ações que mitiguem, recuperem e restaurem os aspectos ecossistêmicos afetados.

Uma externalidade (ORTIZ, 2017), definida com um conceito simples, é o dano que o responsável por uma atividade gera a um terceiro, com quem não tem contato direto, mas que deteriora as condições do seu ambiente de vida. O produto transportado em veículo que, sem intenção maliciosa, atropela um animal é responsável pela deterioração que causa a esse indivíduo, ao seu ambiente de vida, ao seu ecossistema. Esta ação constitui uma externalidade não assumida pelo responsável pelo produto comercializado e não assumida em custos e indicações para evitar ou recuperar boas condições ambientais.

Quando as empresas assumem a sua responsabilidade social ambiental (Daniel Licandro y otros, 2019), devem assumir ações administrativas e estratégicas que lhes permitam identificar as suas intervenções, potenciais e reais, na natureza para que em ambas as possibilidades se assuma uma posição para evitar essas intervenções, mitigar os seus efeitos recuperando o danos e prejuízos que gera. O transporte comercial terrestre tem um alto nível de impacto ambiental, qualquer empresa ou atividade comercial que requeira mobilidade terrestre de seus produtos está imersa em externalidades e peço que assuma a responsabilidade de internalizá-las (incluir na estrutura de custos, o valor econômico de recuperação do meio ambiente danos gerados indiretamente).

Entendendo que ações de mitigação, recuperação e restauração da natureza exigem um especialista e nem todo sistema produtivo pode ser especialista em seu âmbito ambiental, é importante que sejam promovidas estratégias que integrem gestores administrativos e especialistas biológicos e ambientais para executar processos em favor da natureza e o ambiente de vida comum.

A internalização dos danos à natureza, como os acidentes rodoviários, pode ser alcançada de duas formas simples: uma, incluindo na imagem comercial do produto, aspectos que demonstrem a sua identidade com o meio ambiente e a sua iniciativa em responder às suas ações com o meio ambiente; e dois, promover ações, próprias e de terceiros, para a proteção da fauna afetada, após adaptação in situ para isolar o agente afetado dos recursos, bens e serviços ambientais. (Garabiza Castro, Sánchez Guerrero e Casanova Montero, 2017).

CONCLUSÕES E RECOMENDAÇÕES

Marsupiais (gambás) são o grupo com os maiores indivíduos registrados. A frequência de atropelamentos pode ser atribuída à abundância dessa espécie na região e ao seu comportamento de se alimentar de outros atropelamentos. Por observação direta constatou-se que devido ao seu hábito noturno ficam ofuscados pela luz dos veículos, deixando-os imóveis e, portanto, mais suscetíveis a atropelamentos.

O fator de mortalidade de aves por colisão de veículos no tronco Central (rota nacional 45 A 08) entre o trecho Bucaramanga (setor Palenque - La Cemento) -San Alberto (Cesar) sobre a fauna, pode referir-se à diversidade de vegetação arbórea e. arbustivo nas laterais do tronco, minimizando a disponibilidade de locais de passagem para essas espécies. Da mesma forma, por observação direta constatou-se que as aves geralmente cruzam ou permanecem na estrada em busca de alimento. Da mesma forma, foi estabelecido que as aves morrem ao colidir com automóveis e não ao serem diretamente atropeladas.

Para a área de estudo, existe um valor total de AT de 0,02647ind/km/dia. Isto pode ser considerado um método indireto de avaliação da população devido a acidentes rodoviários, sendo análogo às "capturas por unidade de esforço". "captura" é o número de animais atropelados e o "esforço" é função direta do tráfego de veículos. Caso haja aumento no tráfego de veículos, uma diminuição ou estagnação na AT pode ser interpretada como uma diminuição na população das espécies analisadas.

Durante a amostragem, foram encontradas nas estradas goiabas (Psidium guajava) e mangas (Mangifera indica), que serviam de alimento para aves e mamíferos, revelando-se mais suscetíveis a atropelamentos ou atropelamentos, devido ao seu voo baixo e longa fique na estrada.

Já o trecho 2 (Rionegro-playón) foi determinado como o ponto mais crítico, ao longo de toda a trajetória da investigação. Por possuir vegetação arbórea e arbustiva em ambos os lados da estrada, portanto, muitos animais podem se sentir atraídos a permanecer nestes locais aproveitando os recursos, pois não existem barreiras que impeçam a espécie de sair para a estrada.

Concluindo, os dados coletados nesta pesquisa demonstram o efeito negativo do tronco Central (rota nacional 45 A 08) entre o trecho Bucaramanga (setor Palenque - La Cemento) - San Alberto (Cesar) sobre a fauna, um problema que requer articulação das diferentes entidades como INVIAS, ANI, autoridades ambientais, instituições de ensino, bem como das comunidades residentes na estrada.

Esta pesquisa expõe a necessidade de implementar urgentemente medidas para reduzir a colisão de espécies no tronco central 45 a 08. Espera-se que as medidas propostas sejam implementadas e uma vez implementadas estas estratégias deverão ser avaliadas a longo prazo.

Espera-se que com esta investigação seja possível priorizar a conservação da biodiversidade presente no percurso por entidades como INVIAS, ANI, autoridades ambientais e entidades responsáveis pela estrada. Recomenda-se reforçar as medidas de mitigação, uma vez que visam fazer com que os condutores reduzam a velocidade ou a fauna local para evitar os trechos mais perigosos.

Da mesma forma, recomenda-se que os planos de gestão exigidos pela ANLA ou pelas entidades competentes possuam estratégias que mitiguem os impactos gerados pela construção ou modificação de qualquer rede rodoviária.

Recomenda-se também que estudos futuros levem em consideração os meses do ano ou épocas do ano em relação ao fluxo veicular, identificando maior e menor fluxo veicular para ter referência de perda de biodiversidade devido ao tráfego rodoviário.

Para estudos futuros, se possível, leve em consideração câmeras na estrada, pois nem todos os indivíduos atropelados podem ser detectados, alguns podem cair da estrada após o impacto, ficar feridos e buscar refúgio fora dela, portanto, a mortalidade real; pode ser muito maior.

REFERÊNCIAS

EEE, AE (2015). *Mudanças Climáticas e Cidades.* Madrid, Espanha: Agência Europeia do Ambiente.

Agência Europeia do Ambiente, AEA. (2018). *10 Estudos de caso Como a Europa está a adaptar-se às alterações climáticas.* https://climate-adapt.eea.europa.eu/about/climate-adapt-10-case-studies-online.pdf

PREFEITO DE IBAGUE. (2016). *alcaldiadeibague.gov.co.* http://www.alcaldiadeibague.gov.co/portal/admin/archivos/publicaciones/2016/14024-PLA-20160502.pdf

Gabinete do Prefeito de Ibagué. (2016). *alcaldiadeibague.gov.co.* http://www.alcaldiadeibague.gov.co/portal/admin/archivos/publicaciones/2016/14024-PLA-20160502.pdf

Amaya, CC, Tavera, CN, Ávila, AM, Alvarado, PJ e Vesga, Á. P. (2019). Proposta Metodológica para Avaliação do Nível de Vulnerabilidade às Mudanças Climáticas em Ambientes Urbanos. Comuna 13, Bucaramanga, Santander. *17ª Multiconferência Internacional LACCEI de Engenharia, Educação e Tecnologia* (pp. 1-10). Boca Raton – EUA: LACCEI.

AMAYA, CC e HERNANDEZ, CC (15/04/2018). *Pascualbravo.edu.co/cintexpb* . Pascualbravo.edu.co: http://www.pascualbravo.edu.co:5056/cintexpb/index.php/cintex/article/view/30 1

AMB, AM (2011). *Plano Diretor de Mobilidade de Bucaramanga 2011-2030.* Bucaramanga: AMB.

Arboleda, A. (2008). Manual para avaliação de impactos ambientais de projetos, obras ou atividades., (pp. 75 - 86). Medellín.

Barcelona, A. (2020). *Barcelona para Clima, Ecologia, Planeamento Urbano, Infraestruturas e Mobilidade.* https://www.barcelona.cat: https://www.barcelona.cat/barcelona-pel-clima/es/barcelona-responde/acciones-concretas

Bárcena, IA, Samaniego, J., Peres, W. e Alatorre, JE (2020). *A emergência das mudanças climáticas na América Latina e no Caribe: continuamos esperando pela catástrofe ou agimos?* Washington DC: Nações Unidas - CEPAL. LC/PUB.2019/23-P. ISBN 9789211220315.

BARTON, JR (2009). Adaptação às alterações climáticas no planeamento cidade-região. *Revista de Geografia Norte Grande, 43* (1), 5-30.

Bauni, VA (2017). Mortalidade de animais silvestres por atropelamentos na Mata Atlântica do Alto Paraná, Argentina. *Revista Ecossistemas* , 54-56.

BID, BI (2016). *Avaliação da Iniciativa Cidades Emergentes e Sustentáveis do BID.* Washington, DC: BID.

BID, Banco Interamericano de Desenvolvimento. . (2106). *Guia metodológico do Programa Cidades Emergentes e Sustentáveis.* Washington DC EUA: BID.

Bogotá. (2015). *Plano distrital para adaptação e mitigação à variabilidade e mudanças climáticas.* Bogotá.

Títulos, B. 2. (2001). Mitigação do habitat da vida selvagem. *In: Vida selvagem e rodovias: em busca de soluções para um dilema ecológico e socioeconômico. 7ª Reunião Anual da Wildlife Society. Nashville, Tennessee* , 70-72.

Breil, M., Downing, C., Kazmierczak, A., Mäkinen, K., & Romanovska, L. (2018). *Vulnerabilidade social às alterações climáticas nas cidades europeias – ponto da situação em termos de políticas e práticas.* Bolonha, Itália. https://doi.org/10.25424/CMCC/SOCVUL_EUROPCITIES: Centro Temático Europeu sobre Impactos, Vulnerabilidade e Adaptação das Alterações Climáticas (ETC/CCA).

Bucaramanga, AM (2012). *Plano de Ordenamento do Território 2012-2027.* Bucaramanga: Prefeito de Bucaramanga, http://www.concejodebucaramanga.gov.co/pot-2012-2027/tomo01.pdf.

Buenos Aires, G.d. (2017). *Relatório Provincial, Adaptação dos Objetivos de Desenvolvimento Sustentável na cidade de Buenos Aires.* Buenos Aires, Argentina: Governo da cidade de Buenos Aires.

Cali, AM (2020). *Plano municipal de adaptação e mitigação às alterações climáticas.* Cali. Vale do Caucá.

Canales-Delgadillo, JP-C.-J.-P.-P.-M. (2020). Mortes no trânsito na rodovia costeira do Golfo do México: quantas e quais espécies de vida selvagem estão sendo perdidas? *Revista Mexicana de Biodiversidade* , 91.

Castillo-R, JC-M.-G. (2015). Mortalidade de fauna por colisão de veículos em um trecho da Rodovia Panamericana entre Popayán e Patía. *Boletim Científico Centro Museológico. Museu de História Natural,* , 207 -219.

Chavarro, PM, Garcia, GA, Garcia, PJ, Pabón, JD, Prieto, RA, & Ulloa, CA (2013). *Preparação para o futuro, ameaças, riscos, vulnerabilidade e adaptação às alterações climáticas.* Bogotá. ISBN 978-958-98840-1-0: ONU DC- COLÔMBIA.

CQNUMC, CM (1994). *https://unfccc.int.* Recuperado em 10/03/2019, em https://unfccc.int/files/essential_background/background_publications_htmlpdf/a pplication/pdf/convsp.pdf

Costa, PC (2007). Adaptação às mudanças climáticas na Colômbia. *Revsita de Ingenierias, UNIANDES* (26), 74-80.

Daniel Licandro, O., Alvarado-Peña, LJ, Sansores Guerrero, EA, e Navarrete Marneou, JE (2019). Responsabilidade Social Empresarial: Rumo à formação de uma tipologia de definições. *Revista Venezuelana de Gestão* , 3-14; ISSN: 1315-9984; Redalyc: https://www.redalyc.org/articulo.oa?

Delgado, GC, De Luca Zuria, A., Vázquez Zentella, V., .,:, e . (2015). *Adaptação urbana e mitigação das mudanças climáticas no México Título.* México: Centro de Pesquisa Interdisciplinar em Ciências e Humanidades, Universidade Nacional Autônoma do México.

EIU, EI (2010). *Índice de Cidades Verdes da América Latina, Uma avaliação comparativa do impacto ecológico das principais cidades da América Latina.* Munique, Alemanha: Siemens, Índice de Cidades Verdes.

ELA, E. e. (2013). Estratégias de adaptação às mudanças climáticas em nível de cidade, o caso de Quito-Equador. *ELLA, Gestão Ambiental* , 1-6.

FAO. (2021). *FAO na Colômbia* . Alimentação: passando das perdas às soluções: http://www.fao.org/colombia/noticias/detail-events/en/c/1238132/

Fonfria, S. (17/04/2017). *Agência Local de Energia e Mudanças Climáticas de Múrcia.* http://www.um.es/documents/3456781/5197411/Presentacion+Plan+Adaptacion+ Murcia_ALEM.pdf/9611c9b6-d7f1-4c3c-8f5f-9d35789c246e

FONFRIA, S. (17/04/2017). *Agência Local de Energia e Mudanças Climáticas de Múrcia.* http://www.um.es/documents/3456781/5197411/Presentacion+Plan+Adaptacion+ Murcia_ALEM.pdf/9611c9b6-d7f1-4c3c-8f5f-9d35789c246e

Forman, RT, Sperling, D., Bissonette, JA, Clevenger, AP, Cutshall, CD, Dale, VH,. . . Inverno, TC (2003). *Ecologia Rodoviária: Ciência e Soluções.* Imprensa da Ilha.

Galindo, LM, Samaniego, J., Alatorre, JE, Carbonell, JF, Reyes, O. e Sanchez, L. (2015). *Oito teses sobre mudanças climáticas e desenvolvimento sustentável na América Latina.* Santiago do Chile: ONU.

Garabiza Castro, Bd, Sánchez Guerrero, JF e Casanova Montero, AR (2017). A internalização das externalidades empresariais no Equador. *Res non verba (Guayaquil)* , 47-64, Universidade de Guayaquil.

Garcia, LA (2018). Externalidades e cultura rodoviária. Fenômenos em torno do uso do carro em Xalapa, Veracruz, México. *Clivagens, revista de ciências sociais. ISSN: 2395-9495* , 171-187; https://doi.org/10.25009/clivajes-rcs.v0i9.2539.

GEA21, G. d. (2017). *Estado da arte dos Planos de Ação Climática, Plano de Ação Climática 2050 de Donostia / San Sebastián.* San Sebastian, Espanha: GEA21. http://www.aclima.eus/wp-content/uploads/2017/09/Estado-del-arte-de-los-Planes-de-Acci%C3%B3n-del-Clima-V3.pdf

Governo do Chile, M. d. (2017). *PLANO DE AÇÃO NACIONAL PARA AS MUDANÇAS CLIMÁTICAS 2017-2022.* Santiago do Chile: Governo do Chile.

GOVERNO DO CHILE, MINISTÉRIO DO MEIO AMBIENTE. (2017). *PLANO DE AÇÃO NACIONAL PARA AS MUDANÇAS CLIMÁTICAS 2017-2022.* Santiago do Chile: Governo do Chile.

Governo da República da Colômbia. (2019). *Estratégia nacional de economia circular. Fechamento de ciclos de materiais, inovação tecnológica, colaboração e novos modelos de negócios.* http://www.andi.com.co/Uploads/Estrategia%20Nacional%20de%20EconA%CC%8 3%C2%B3mia%20Circular-2019%20Final.pdf_637176135049017259.pdf

Heras, BP (2015). ADAPTAÇÃO ÀS ALTERAÇÕES CLIMÁTICAS NA UNIÃO EUROPEIA: LIMITES E POTENCIALIDADES DE UMA POLÍTICA MULTILÍVEL. *REVISTA ELETRÔNICA DE ESTUDOS INTERNACIONAIS* (24), 1-29.

Hernandez, SR, Fernando, FC e Pilar, BL (2014). *METODOLOGIA DA INVESTIGAÇÃO.* MÉXICO: MAC GRAW HILL.

HERNANDEZ, SR, Fernando, FC e Pilar, BL (2014). *METODOLOGIA DA INVESTIGAÇÃO* . MÉXICO: MAC GRAW HILL.

HERRERO, AC, NATENZON, C. e LORENA, MM (17 de 11, 2018). *Vulnerabilidade social, ameaças e riscos às mudanças climáticas no Aglomerado da Grande Buenos Aires.* Buenos Aires: Publicações CIPPEC. https://www.lanacion.com.ar/2084753-buenos-aires-lider-contra-el-cambio-climatico

Herrero, AC, Natenzón, C. e Lorena, MM (17 de 11, 2018). *Vulnerabilidade social, ameaças e riscos às mudanças climáticas no Aglomerado da Grande Buenos Aires.* Buenos Aires: Publicações CIPPEC. https://www.lanacion.com.ar/2084753-buenos-aires-lider-contra-el-cambio-climatico

IBARRA, ML (2016). *Vulnerabilidade social em Tijuana devido a eventos hidrometeorológicos. Estudo de caso: Colônia 3 de outubro.* Tijuana, México: CFN, Colégio de la Frontera Norte.

IDEAM, I.d. (2015). *Novos Cenários de Mudanças Climáticas para a Colômbia 2011-2100, Ferramentas Científicas para a Tomada de Decisões.* Bogotá: publicações IDEAM.

IDEAM, I.d. (2016). *Terceira Comunicação Nacional sobre Mudanças Climáticas.* Bogotá: IDEAM, Instituto de Hidrologia, Meteorologia e Estudos Ambientais.

INI, L. (2016). *energias renováveis.com.* https://www.energias-renovables.com/panorama/vaxjo-la-ciudad-mas-verde-de-europa-20161007

IPCC, PI (2014). www.ipcc.ch. Em *Mudanças Climáticas 2014, Impactos, Adaptação e Vulnerabilidade* (pp. 35-94). Reino Unido e Nova Iorque: IPCC.

Laurance, WF, Clements, GR, Sloan, S., O'Connell, CS, Mueller, ND, Goosem, M., . . . Burgues Arrea, I. (2014). Uma estratégia global para a construção de estradas. *Natureza* , 229-232.

Laurance, WF, Goosem, M. e Laurance, SG (2009). Impactos de estradas e clareiras lineares nas florestas tropicais. *Tendências em Ecologia e Evolução* , v. 24, não. 12, .

López-Guzmán Guzmán, TJ (2009). Desenvolvimento socioeconómico do meio rural baseado no turismo comunitário. Um estudo de caso na Nicarágua. . *Cadernos de desenvolvimento rural* , 81-97.

Magrin, GJ-P. (2014). *Mudanças Climáticas 2014: Impactos, Adaptação e Vulnerabilidade. Parte B:Aspectos Regionais. Contribuição do Grupo de Trabalho II para o Quinto Relatório de Avaliação do IPCC.* Nova York: ONU.

Margulis, S. (2016). *Vulnerabilidade e adaptação das cidades latino-americanas às mudanças climáticas.* Santiago: ONU, CEPAL, Comissão Econômica para a América Latina e o Caribe.

MARGULIS, S., e CEPAL, CE (2016). *Vulnerabilidade e adaptação das cidades latino-americanas às mudanças climáticas.* Santiago: ONU.

María Margarita Bedoya-V., AA-A.-V. (2018). Acidentes com animais selvagens na rede viária urbana de cinco cidades do Vale do Aburrá (Antioquia, Colômbia). *CONSERVAÇÃO* , 335-348.

Medellín, A. d. (2015). *Estratégia abrangente para a gestão das alterações climáticas.* Medellín.

Messmer, TA (2008). Estatísticas de colisão cervo-veículo e informações de mitigação: fontes online. *Conflitos entre humanos e animais selvagens* , 131-135.

Meu ambiente. (2020). *Lista de impactos ambientais específicos no âmbito do licenciamento ambiental.*

MINAMBIENTE, M. d. (2017). *Plano Integral de Gestão Territorial de Mudanças Climáticas do Departamento de Santander 2030.* Bogotá DC: MINAMBIENTE.

MinAmbiente e CAEM, CA (2016). *Plano Integral de Gestão das Mudanças Climáticas Territoriais Atlânticas 2040.* Barranquilla.

Molina, M., José, S. e Julia, C. (2017). *Mudanças climáticas, causas, efeitos e soluções.* México: Fundo de Cultura Econômica.

Monroy, MC-L. (2015). Taxa de atropelamentos de animais selvagens na estrada San Onofre – María la Baja, Caribe colombiano. *Revista da Associação Colombiana de Ciências Biológicas* , 88-95.

Montenegro Montero, HM (2018). *Vida Selvagem Atropelada na Via Mamatoco - Minca, Santa Marta, Caribe Colombiano.* Santa Marta: Universidade Magdalena.

Moroney, A. (2018). *O uso de análise espacial e temporal na manutenção de medidas de mitigação da mortalidade rodoviária para a vida selvagem na Irlanda. .* Estocolmo: KTH ROYAL INSTITUTE OF TECHNOLOGY SCHOOL OF ARCHITECTURE AND THE BUIL ENVIRONMENT.

Nações Unidas. (2021). *Colômbia das Nações Unidas* . Passando das perdas e desperdícios de alimentos para soluções: https://nacionesunidas.org.co/noticias/actualidad-colombia/pasando-de-perdidas-y-desperdicios-de-alimentos-pda-a-soluciones/

Nações Unidas. (18 de maio de 2021). *Produção e consumo responsáveis: por que são importantes.* https://www.un.org/sustainabledevelopment/es/wp-content/uploads/sites/3/2016/10/12_Spanish_Why_it_Matters.pdf

Niemeyer, O. e Costa, L. (2018). *Brasília, a cidade inteligente do passado.* Brasília: Smart.City_Lab.

Novillo, r. N., Olmedo, MP, Perez, Y. e Rojas, PY (2018). *Abordagens ao Estudo da relação entre as cidades e as alterações climáticas.* Quito, Equador: FLACSO.

ORTIZ, BL (2017). *As externalidades.* www.economia.unam.mx: http://www.economia.unam.mx/profesores/blopez/valoracion-externalidades.pdf

Pabón, CJ (2018). Mudanças climáticas na Colômbia. *Resenhas de Geografia, Universidade Nacional da Colômbia* .

Pacto Global. (18 de maio de 2021). *Empresas e organizações diante do ODS 12* . https://www.pactomundial.org/2019/11/sector-privada-ante-ods-12/

Pilar, R. (2013). *FAO.* http://www.fao.org/3/a-i3388s.pdf

República da Colômbia . (2019). *Diário do Congresso, Senado e Câmara.* Alteração total do texto proposto para primeiro debate ao projeto de lei número 301 de 2018: http://leyes.senado.gov.co/proyectos/images/documentos/Textos%20Radicados/Ponencias/2019/gaceta_357.pdf

Rojas, AD (2016). *Desenvolvimento rodoviário na Colômbia e o impacto das estradas de quarta geração.* Bogotá: UMNG, Universidade Militar Nueva Granada.

Rozas, P. &. (2004). Desenvolvimento de infra-estruturas e crescimento económico: revisão conceptual. *CEPAL* .

Sánchez, RR (2013). *Respostas Urbanas às Mudanças Climáticas na América Latina.* Santiago do Chile: CEPAL, CEPAL-IAI, Comissão Econômica para a América Latina e o Caribe.

Seijas, AE-Q. (2013). Mortalidade de vertebrados na rodovia Guanare-Guanarito, estado de Portuguesa, Venezuela. *Jornal de Biologia Tropical* , 1619-1636.

Sengupta, S. (25/03/2019). Copenhaga, uma cidade pode cancelar as suas emissões de gases com efeito de estufa? *O Clarim* .

Smathers Jr, W. (2001). Os impactos socioeconômicos das colisões entre veículos selvagens. . *Vida selvagem e rodovias.* , vinte e um.

Sustentável, D. (1986). Metas de desenvolvimento sustentável. . *Organização para Alimentação e Agricultura: Roma, Itália.*

Stasiukynas, DC-W. (2021). Estradas para o mar: estudo sobre o impacto dos vertebrados selvagens e dos ecossistemas circundantes em dois corredores rodoviários na Colômbia. *Trilogia da Sociedade de Tecnologia Científica* , 13 (24).

Superlntendência de serviços públicos domiciliares. (2019). *Relatório de disposição final de resíduos sólidos 2018.* Bogotá: Superintendência de serviços públicos domiciliares.

Tsegaye, B., Jaiswal, S. e Jaiswal, A. (2021). Biorrefinaria de resíduos alimentares: Caminho para a bioeconomia circular. *Alimentos, 10* (6), 1174. https://doi.org/https://doi.org/10.3390/foods10061174

UNICC, UC (12, 2017). *Estudo de Caso: Paradigmas de Mobilidade.* https://ciudadarquitecturamedioambiente.files.wordpress.com/2015/09/movilidad -curitiba-alex-levet.pdf

UNICC, UNIVERSIDADE CRISTOBAL CÓLON. (12 de 2017). *Estudo de Caso: Paradigmas de Mobilidade.* https://ciudadarquitecturamedioambiente.files.wordpress.com/2015/09/movilidad -curitiba-alex-levet.pdf

Unidade, EI (2010). *Índice de Cidades Verdes da América Latina.* Siemens. https://www.siemens.com/press/pool/de/events/corporate/2010-11-lam/study- latin-american-green-city-index_spain.pdf

Valência, AM (2015). *.ayto-valencia.es.* http://www.ayto- valencia.es/ayuntamiento/Energias.nsf/0/7ABD14C45FA34ECAC1257ED7002C2A96 /$FILE/Plan%20de%20accion%20ambiental.pdf?OpenElement&lang=1

VALÊNCIA, AM (2015). *.ayto-valencia.es.* http://www.ayto- valencia.es/ayuntamiento/Energias.nsf/0/7ABD14C45FA34ECAC1257ED7002C2A96 /$FILE/Plan%20de%20accion%20ambiental.pdf?OpenElement&lang=1

Grupo Banco Mundial. (2018). *Que desperdício 2.0. Um panorama global da gestão de resíduos sólidos até 2050.* https://openknowledge.worldbank.org/handle/10986/30317

BIBLIOGRAFIA GERAL

Arbuze, Ivosn & Huacon, Gianella (2018): "A evolução da produtividade e da qualidade nas empresas de bens e serviços", Revista Observatório de Economia Latino-Americana, (janeiro de 2019). On-line: https://www.eumed.net/rev/oel/2019/01/empresas-bienes-servicios.html

Combeller, CR (1993). O Novo Cenário: A Cultura de Qualidade e Produtividade nas Empresas. Jalisco, México.: ITESO.

Gomez, OE (2018). Gestão estratégica de custos, uma ferramenta de competitividade. Revsita Espacios, , 4-14, Vol. 39 (No. 32).

Isaac, GC, Gomez, BJ, & Díaz, AS (2017). A INTEGRAÇÃO DE FERRAMENTAS DE GESTÃO AMBIENTAL COMO PRÁTICA SUSTENTÁVEL NAS ORGANIZAÇÕES. Revista Universidade e Sociedade, 27-36; Vol 17 No 4.

ONU, ONU (2015). Resolução para adotar a Agenda 2030 para o Desenvolvimento Sustentável. Paris: ONU.